乗馬のための
フィットネス
プログラム

74のエクササイズと**18**の準備運動

著： **Dianna Robin Dennis**
John J. McCully
Paul M. Juris

監訳：**樫木宏之** 訳：**二宮千寿子**

緑書房

Edited by Deb Burns and Siobhan Dunn
Art direction by Melanie Jolicoeur and Vicky Vaughn
Cover and text design by Melanie Jolicoeur and Vicky Vaughn
Cover photographs © Shaffer Smith Photography: front cover
bottom three, back cover left; © Kit Houghton/CORBIS: front
cover top; back cover right.
Excercise photographs © Shaffer Smith Photography
Additional interior photographs © Alamy Images: 64; © Kent
Barker/The Image Bank/Getty: 18; © Digital Vision/Getty: 108;
© Sharon P. Fibelkorn: 168; © Kit Houghton/CORBIS: iv;
© Charles Mann Photography: vi, 136; © Mike Powell/The Image
Bank/Getty: x; © Nicholas Russell/The Image Bank/Getty: 40;
© Shaffer Smith Photography: iii center.
Text production by Vicky Vaughn
Indexed by Eileen Clawson
Fitness models: Lori Matan, Tracy Jetzer, and Aimee Steele
Illustrations by James Dykeman

THE RIDER'S FITNESS PROGRAM
© 2004 by Dianna Robin Dennis, John J. McCully, and Paul M. Juris
Published by Storey Publishing LLC in the USA

Japanese translation rights arranged with Storey Publishing LLC, North Adams,
Massachusetts through Tuttle-Mori Agency, Inc., Tokyo

Japanese translation © 2017 copyright by Midori-shobo Co., Ltd.
Storey Publishing LLC 発行の THE RIDER'S FITNESS PROGRAM の日本語に関する
翻訳・出版権は，株式会社緑書房が独占的にその権利を保有する

献辞

馬たちへ
私たちに寄り添い、時には重荷となる私たちを耐え忍んでくれる馬たちへこの本を捧げる。

父へ
僕を支え、信じ、僕の未来に個人的な投資をしてくれ、そして決して諦めなかった父に感謝します。ありがとう、お父さん。

Lisa、Sam、Sydney へ
日々新たな刺激をくれる、僕のすばらしい家族に感謝します。動物に寄せるあなたたちの愛と情熱が、僕を馬の世界に導いてくれました。

Dianna Robin Dennis

John J. McCully

Paul M. Juris

推薦の辞

数年前まで、私は自分にエクササイズのプログラムが必要だなどと思ってもいませんでした。一日中、馬にまたがり障害を飛んでいましたから、それで十分だと思っていたのです。

トップレベルの競技で競うためには、馬がフィットな状態、つまり鍛えられた健康体でなければならないことは理解していました。フィットであれば、馬たちはより強く、より健やかで、より柔軟で、よりバランスが取れ、軽やかになります。つまり、全般的に運動能力が増すことを私は知っていました。ただそれが自分自身にも当てはまるとは、夢にも思いませんでした。

私が初めてオリンピックに出場し、ほかの競技の「本物のアスリートたち」と一緒に過ごした後、「フィットネスプログラム」に初めて取り組みました。オリンピック選手である私にとって、平均的なジム愛好家たちと肩を並べてエクササイズをするのは、とても新鮮な体験でした。けれども自分の事業が大きくなるにつれて、エクササイズは後回しになっていきました。私は4歳で馬に乗りはじめてからこれまで数えきれないほどの馬に毎日乗り、オリンピックに出場することができるようになりました。そのようなこともあり、エクササイズで何かが大きく変わるとは思えませんでした。

ところがその後、私は怪我に見舞われました。そして膝の専門家に「あなたに必要なのは手術ではなく、適切なフィットネスプログラムだ」と言われたのです。馬術のために、長年ずっと同じ筋肉ばかり使ってきたから、私の体は「バランスを取り戻す」必要があるのだということでした。彼のいわんとすることは、頭では理解できました。でも心から納得したのは、友人がニューヨークマラソンに備えて、

Johnny McCully についてトレーニングをするのを見たときでした。それが、私と「スポーツ種目別専門エクササイズ」との出会いでした。

Johnny と Paul Juris は私のために多くの時間を割き、ビデオを撮影し、私や私の生徒の動きを分析して、本書のプログラムを開発してくれました。このプログラムは、私も私の生徒たちも使っています。

このプログラムは、ライダー（騎乗者）に確かな違いをもたらします。それは、私たちのようなトップレベルで真剣に騎乗するライダーだけではありません。週末だけとか、たまにしか乗馬をしない人たちにも、非常に役に立つのです。平日はデスクワークに従事し、週末に競技に出るアマチュア競技者から、年に一度のマヨルカ島の休暇で、ビーチを1週間馬で駈けることを楽しみにしている人たちまで、様々なライダーが恩恵を受けることでしょう。

怪我をせずに最高のパフォーマンスをするためには、ライダーとパートナーである馬は、強く、柔軟で、全面的にフィットでなければなりません。人と馬のどちらかが疲れていたら、コミュニケーションもままならないでしょう！ その結果、障害飛越競技の制限タイムオーバーや、障害物のバーを1本落下させるといった単純なミスから、フェンスへの激突といった深刻な事故すら招きかねないのです。

すべてのライダーが目指すゴールは、自分の馬との「一体感」という至福の感覚を味わうことです。

本書のプログラムは、私たちの誰もがそのゴールを実現できるように、手助けしてくれるでしょう！

Anne Kursinski

監訳をおえて

　私は、今まで数多くの馬術の競技会に足を運び、全国の乗馬クラブでの練習風景も目にしてきました。多くのライダーは様々な課題を抱えています。しかし、課題の克服が難しい要因は、技術的な問題よりも、フィジカルの問題が大きいことをトレーナーとしての目線から感じていました。これを解消するためには自分自身が乗馬に特化したエクササイズの専門書を企画するかネット動画配信などを通して情報発信をしていくしかないと考えていました。そのように考えていたタイミングで本書の監訳の依頼があり、お断りする理由はどこにもありませんでした。

　初めて原書『THE RIDER'S FITNESS PROGRAM』（Storey Publishing LLC、2004）を手にした時には、その内容に驚きました。現在、私が現場において選手たちに伝えていることと大差なく書かれているのです。しかも原書はアメリカで10年以上も前に出版されていたのです。欧米諸国は乗馬文化を含めレベルが高いのは事実ですが、こういったトレーニングにもそれが表れていました。

　競技やふだんの騎乗において失敗がある時は、その原因がライダーのミスであることが多いのではな

いかと思います。馬術では「人馬一体」という言葉がありますが、そのためには人も馬も最高のコンディションであることが望まれます。つまり、ライダーがコンディションを整えることは、騎乗ミスを減らし、さらに技術向上にも役立つのです。

　コンディションの調整にはウォーミングアップやトレーニングが重要になりますが、ほかのスポーツと違い、日本の乗馬というスポーツにおいてはライダーのための明確なウォーミングアップやトレーニングが確立されていません。そのため、どのようなトレーニングがいいのか分からなかった方も多いかもしれません。本書は、そのような悩みの解消に役立ってくれるでしょう。また、さらに多くの情報を求めるのであれば、エクウスオンライン（http://www.equus.co.jp/、2017年12月現在）のレッスン動画を活用することをお勧めします。

　本書がすべてのライダーの技術向上のためのヒントとなることを願っています。

2017年12月

　　　　　　　　　　　　　　　　樫木宏之

CONTENTS

推薦の辞 V

監訳をおえて VII

プログラム 1

第1章　ウォーミングアップとストレッチ
（準備運動）.............................19

St　ローワーレッグストレッチ

St　スタンディングクワドストレッチ

St　ハムストリングストレッチ I

St　ハムストリングストレッチ II

St　ヒップ & バトックストレッチ I

St　ヒップ & バトックストレッチ II

Wa　ヒップエクステンション・プローン

St　ローワーバックストレッチ

St　ポスチャーストレッチ

St　ネック & ショルダーストレッチ

Wa　ショルダーシュラッグ・プローン

Wa　ゴムチューブの抵抗を使ったエクスターナル
　　　ローテーション

Wa　ゴムチューブの抵抗を使ったインターナル
　　　ローテーション

Wa　ローワートラペジウス

Wa　ゴムチューブの抵抗を使ったエクステン
　　　ション

Wa　ゴムチューブの抵抗を使ったフレクション

第2章　バランス 41

Ex1　レシプロカルダンベルプレス

Ex2　足を上げて行うインクラインダンベルプレス

Ex3　半円形フォームローラー上で、ハーフシート
　　　の姿勢で行うケーブルロー

Ex4　バランスボードを2個使い、ハーフシート
　　　の姿勢で行うケーブルロー

Ex5　バランスボードを使ったシングルレッグベ
　　　ントオーバーダンベルロー

Ex6　片足で行うアップライトロウ

Ex7　半円形フォームローラー上で、足を馬体の
　　　幅に開いて行うスクワット

Ex8　ユニラテラルスクワット

Ex9　サークルホップ

Ex10　スタンディングヒップエクステンション

Ex11　片足でのケーブルプルスルー

第3章　下半身 65

Ex12　スクワット

Ex13　馬体の幅に足を開いて行うスクワット

Ex14　馬体の幅に足を開き、横への移動を伴うス
　　　クワット

Ex15　バランスボールを使い、上下動を加えた
　　　タイムドウォールスクワット

Ex16　馬体の幅に足を開いて行うレッグプレス

Ex17　ステップアップ

Ex18　アンテリオラテラルステップアップ

Ex19　ラテラルステップアップ

Ex20　ランジ

Ex21　クロスオーバーランジ

Ex22　フォーワードレッグスウィング

Ex23　スタンディングヒップエクステンション
　　　with エクスターナルローテーション

Ex24　ヒップアブダクション

Ex25　ヒップアダクション

Ex26　ストレートニーデッドリフト

Ex27　ベントニーデッドリフト

Ex28　レッグエクステンション

Ex29　シーテッドレッグカール

Ex30　馬体の幅に足を開いて行うスタンディング
　　　ヒールレイズ with アンギュレーション

Ex31　馬体の幅に足を開いて行うシーテッドヒー
　　　ルレイズ

Ex32　ハーフシートの姿勢で行うレイズ

第4章 骨盤の傾斜 109

- Ex33 ハンギングニーレイズ
- Ex34 インクラインボードリバースカール
- Ex35 レシプロカルハンギングニーレイズ
- Ex36 カウンターローテーション
- Ex37 バランスボール上で行うトランクカール with ローテーション
- Ex38 バランスボール上で行うトランクカール with オルタネートニーレイズ
- Ex39 インクラインボード上で行うオルタネートレッグローワリング
- Ex40 ダイナミックペルビックコントロール
- Ex41 ペルビッククロック
- Ex42 シーテッドバランスボールフラ
- Ex43 シーテッドバランスボールバック & フォース
- Ex44 バランスボールスケール
- Ex45 バランスボールを使ったトランクエクステンション with ローテーション

第5章 姿勢 137

- Ex46 バランスボールを使ったショルダーローテーション
- Ex47 バランスボールに座って行うダンベルフロントレイズ
- Ex48 バランスボールを使ったシーテッドローイング
- Ex49 タイムドウォールスクワット with トランクローテーション
- Ex50 メディシンボールを使ったロシアンツイスト
- Ex51 サイドプランク
- Ex52 バランスディスクを使ったサイドプランク
- Ex53 半円形フォームローラーに乗ったサイドベント
- Ex54 トランクエクステンション
- Ex55 トランクエクステンション with ローテーション

- Ex56 メディシンボールスウィング
- Ex57 コンボスクワット with ロートゥーハイプーリー
- Ex58 クアドループトトランクエクステンション
- Ex59 バランスボールを使ったプローントランクエクステンション with ショルダーエクステンション
- Ex60 バランスボールとフォームローラーを使ったセルフモビライゼーション

第6章 上半身 169

- Ex61 ベンチプレス
- Ex62 クローズグリップベンチプレス
- Ex63 クローズグリップベンチプレス、フィートアップ
- Ex64 メディシンボールを使った腕立て伏せ
- Ex65 ウォークオーバープッシュアップ
- Ex66 リバースグリッププルダウン
- Ex67 ディップス
- Ex68 ストレートアームプルダウン
- Ex69 ハーフシートの姿勢で行うスタンディングローイング
- Ex70 シーテッドローイング、プローングリップ
- Ex71 ベントオーバーロー
- Ex72 ベントオーバートランスバースロー
- Ex73 インクラインダンベルロー
- Ex74 アップライトロウ

エクササイズチェックシート 198
騎乗中のストレッチ 200
用語解説 202
参考図書 205
効果別INDEX 207
著者プロフィール 213
謝辞 213

プログラム

　あなたはどんなライダー（騎乗者）ですか？ ウェスタン、馬場馬術、障害馬術のどの分野で乗っていますか？　ビギナー、あるいはエキスパートですか？ それともその間の幅広い「中級」レベルに当たるでしょうか？　あなたがどんなレベルであっても、フィットネスはあなた自身やあなたのパフォーマンス、そして馬とのコミュニケーションを助けてくれます。

　すべてのライダーが目指すゴールは、馬との「一体感」です。一体感が意味するものは人それぞれかもしれません。しかし、おそらく多くのライダーは、「あなたと馬が同じ波長を共有し、同じ方向に進んでいるときに得られるコーディネーション（調和／協調性）、バランス、対話の感覚である」という意見に同意するでしょう。

　身体やメンタル、感情のいずれかの面で健康でないライダーは、馬との一体感を得られません。どんなに努力しても、これらのピースが欠けていると、その境地にはたどり着けないのです。ベストな騎乗をするには、筋肉や靭帯、コーディネーション、バランス、脳、これらのすべてが最高の仕事をしていなければなりません。

　ビギナーは、乗馬専用に考えられた適切なフィットネスプログラムのルーティーンを行うことで、乗馬をはじめるときに経験する痛みの多くが軽減され、怪我も予防できるでしょう。また、乗馬を再開したライダーには、このプログラムは馬に乗るうえで重要な筋肉の使い方を思い出させてくれます。それに加え、より短時間でかつてのレベルに戻れるようにしてくれるでしょう。エキスパートのライダーにとっては、技術をさらに研ぎ澄ます手立てになるうえ、年を重ねるにつれて起きやすい怪我の予防にもつながるでしょう。

　このプログラムを構成するエクササイズやルーティーンは、レベルも騎乗の分野も様々なライダーたちを観察し、彼らの動画の分析を通して開発されました。

　このプログラムは以下の人たちに適しています。

- ビギナー：乗馬の分野は問いません
- ジャンプをする人：ハンター競技、障害飛越、障害レース
- 平馬場で騎乗する人：ウェスタンプレジャー、馬場馬術、レイニング
- 3つの分野（馬場馬術、障害馬術、クロスカントリー）のすべてで競う総合馬術の選手
- ポロ選手
- エンデュランスのライダー
- 楽しみに乗馬をする人や、まれにしか乗らない人

　どこに重点を置くかは乗馬の分野によって少しずつ異なるかもしれませんが、必要とされるフィットネスプログラムの基本的なセットは、どの分野でも同じです。

● 乗馬のためのフィットネスプログラムに必要不可欠な要素

　乗馬のためのフィットネスプログラムには、次の5つの基本的要素があります。

- バランス
- 柔軟性
- 力
- メンタル／身体の独立性
- 有酸素系（心肺機能）のフィットネス

● バランス

馬にどれくらい安定して乗ることができますか？　どれくらい運動すると筋肉が疲れますか？　馬が動いているときに、自分の重心をどれくらい上手に維持できますか？　「ハーフシート」や「襲歩」の騎乗姿勢を長時間保てますか？　正反動での速歩は得意ですか？　どのような問題にも、自分の姿勢を変えて瞬時に対応できますか？　時には馬がバランスを崩したライダーに合わせてくれるように、あなたはバランスを崩しそうな馬を、自分の姿勢を調整して助けることができますか？

ライダーが馬の重心に乗り、馬の重心に合わせて自分を調整するとき、すべてのライダーが目指す、馬との「一体感」が生まれます。体幹の安定性という言葉はスポーツのフィットネスの世界ではいくつもの意味がありますが、ここでは馬上での安定性を指す専門用語として使っています。もちろん体幹の安定性は、馬の上で感じるよりも地上で見ている方が、はるかに分かりやすいものです！

● 柔軟性

機能上の柔軟性、すなわち、あるタスクの機能を実行するのに必要な柔軟性は見過ごされやすいのですが、これは自身のライダー生命にきわめて重要なものです。機能上の柔軟性を試すとても良い方法の1例として、馬にまたがるという単純な行為が挙げられます。

上馬（馬にまたがる）、下馬（馬から降りる）の際には、素早く、簡単で、（馬の安定を乱さないよう）バランスの取れた動作を行う必要があります。そのためには特定の筋肉の組み合わせが必要になります。例えば、腰椎を丸めすぎたり骨盤を傾けすぎたりせずに片足が馬の背中を越えるために必要な柔軟性があります。これは見過ごされがちですが、この柔軟性がきちんと維持されないと、背中や腰やその他の関節に問題が発生しかねません。

● 力（Strength）

「力」は、フィットネスのなかで最も認識されやすい側面ですが、同時に最も誤解されやすいものでもあります。力という言葉から、多くの人は自分が持ち上げられるウェイトの重量や、自分の筋肉がどれだけ大きく見えるかなどを連想します。けれども残念なことに、どちらの側面も、馬上でのパフォーマンス向上には結びつきません。「力」の最も良い定義は、「力を用いる能力」ですが、これを乗馬の世界に当てはめると、「あぶみと鞍と手綱でしか接触のない動いている馬に、力を用いること」になります。特定のスポーツを対象としない一般的なフィットネスプログラムでは、有酸素運動とともに力を強化するためのトレーニングがよく見られます。馬の世界においても力は欠かせませんが、柔軟性とバランスも伴っていなければなりません。

● メンタル／身体の独立性

私たちは乗馬を、歩きながら、頭をかき、携帯電話でおしゃべりし、ガムを噛む、といった「ながら作業」と同様の行為だとは考えません。けれども実際には乗馬は、それと同じ程度またはそれ以上に、多くのことを同時に行う活動なのです。

ライダーは、行動と情報処理の両方を同時にこなします。騎乗中にライダーの足、腕、肩、背中、騎座、頭などは、通常それぞれ異なることを行います。非対称の動きとは、体の左右で行われる不均等な、または異なる動きを指しますが、ライダーは単に非対称な行動を行えるだけでなく、心身両面でいくつもの異なることを同時にこなさなければなりません。これをマルチタスキングと呼びます。

もしもライダーが、頭で考え腕と足とを別々に使えなかったら、ライダーの全般的なパフォーマンス、それに馬との「一体感」は損なわれています。けれども、それぞれの手や腕を別々に、無意識のうちに操る能力は、トレーニングで身につけることが可能です。

体幹の安定性

　ライダーのフィットネスとバランスにとって第一の問題となるのは、姿勢が動的である（ライダーと馬は常に動いている）ということです。その結果、ライダーの生まれもったバランスと会得したバランスに、より多くのことが要求されることになります。本書ではここで必要となるものを、「体幹の安定性」と呼ぶことにします。

　体幹の安定性は5つのメカニズムで構成されています。それは、重心、安定性、パワー、均等な姿勢、非対称な運動・安定性・力です。体幹を構成する筋肉は背中と腹部にあり、これらの筋肉を強化することが全体的なフィットネスと安定性の向上につながります。

● 重心

　ライダーの重心は、ライダーのバランス、乗り方、それに弱点を補う方法に影響を及ぼします。例えば、胴が長くて足の短いライダーは重心が高いので、背中が非常に強くなければいけません。また、自分の上半身の動きがバランスと馬の動きに及ぼす影響、特に障害飛越の際に及ぼす影響を認識しておく必要があります。

● 安定性

　足関節は姿勢を安定させる役割があり、股関節の外転筋はショックアブソーバー（衝撃吸収）としての役割があります。足関節、膝、股関節は姿勢の安定に重要な役割をもち、柔軟性や筋力、コントロール力を多く求められます。

　骨盤でのショックの吸収は、股関節、骨盤、腰椎をコーディネートしながら、効率良く効果的に行われなければなりません。そのためにも柔軟で強い腰背部は欠かせないものです。そして、短時間の安定だけを意識するのではなく、長期的に整形外科的な問題の予防にも注意を向け、安定性を向上させましょう。

● パワー

　ライダーは馬が発するエネルギーを吸収するだけでなく、変換もしなくてはなりません。変換とは、（特に障害飛越の着地の際に）馬が生み出すエネルギーをライダーがどう使うかを示す言葉です。これは人馬の効率、言い換えれば「一体感」に、大きく関わるものです。

● 均等な姿勢

　ライダーは体が左右均等で、ゆがみのない状態でなければなりません。真直性と前進気勢が馬に求められる基本的要素であるように、ライダーにも体が均等にバランス良く発達していることが、馬のパートナーであるライダーには欠かせないのです。多くのライダーたちにも馬と同じく体の左右で得手不得手があるので、体を左右均等に整える運動も、フィットネスプログラムに含める必要があります。

● 非対称な運動・安定性・力

　外方の足を腹帯の後ろに下げる、内方の足を中心に馬体を屈曲させるなどにはじまり、踏歩変換の合図に片方の腰や座骨をわずかに動かすことまで、ライダーと馬のコミュニケーションのほとんどは非対称的です。どれもが目につかないほどかすかな動きですが、必要であり非対称です。

これはどのライダーにも当てはまるのですが、猛スピードで障害物を飛越していくクロスカントリーの選手は、無数の外部情報を瞬時に判断、処理しなければなりません。しかも処理したばかりの情報を使って、ベストなパフォーマンスを引き出していきます。例えば、連続する障害に襲歩で向かっているときに、前の走者がつくった深い足跡の穴に気がついたとしましょう。そして進路を変えなくても、この穴を避けられるでしょうか？ 選択したやり方が馬の飛越にどれだけ影響を及ぼすかを瞬時に把握し、それに合わせて乗り方を適切に変えられるでしょうか？ それとも自分が対処していることにすら気づかないほど、無意識のうちに素早く変えられるでしょうか？ この、無意識で行える境地こそが、ゴールになります。

● クローズドスキルと
オープンスキル

処理スキルを磨き上げるうえで、乗馬に必要とされる「クローズドスキル」と「オープンスキル」を理解する必要があります。

クローズドスキルは、条件が一定で予測可能なことを行うことができるスキルです。つまり、クローズドスキルのトレーニングは、予測のつくタスクを完璧に行えるようにすることです。乗馬にはこのクローズドな要素がいくつかあります。例えば、障害物のフェンスは動きませんし、その高さも自分で決められます。馬場馬術の課題やレイニングのパターンも定められていますし、そこで求められる運動には、実施法の具体的な「正解」があります。

オープンスキルとは、予測が難しく急速に変化することに対応するスキルのことです。乗馬で行うことの大半はきわめて予測がつかず急速に変化するため、オープンスキルが必要と考えられています。上手に乗馬をするには、絶えず急速に変化するというタスクの性質を、認識、理解し、それに対処できなくてはなりません。もちろん、馬はライダーから独立した存在ですから、馬とコミュニケーションを取るのもオープンスキルです。とはいえ、馬の動きを予測することは、非常に難しいでしょう！

素早く行うマルチタスキングのエクササイズは、ライダーとしての能力を高めます。ただしこうしたエクササイズは、よりシンプルなエクササイズをいつも簡単にこなせるようになってから取り組んでください。この「無意識のうちに行える」ためのトレーニングはあなたが「ゾーンに入る」能力を助けますが、これはこのプログラムの第3期で使われる、上級の技術になります。

エクササイズを行うときは、集中して行うことが非常に重要であることを忘れないでください。乗馬で機械的に行われることなど何1つないので、機械的に行うとエクササイズの有効性が失われてしまいます。

● 有酸素系（心肺機能）の
フィットネス

1つの運動を続ける能力に、有酸素系（心肺機能）のフィットネスはとても重要です。例えば、長い障害物コースの走行を終えた直後にジャンプオフがあったら、息を切らさずに完走できますか？ 障害物のあるなしに関わらず、襲歩を8km続けられますか？ クロスカントリーのコースを1回だけでなく4回も、息を切らさずに走り通せますか？

休憩を入れずに本書のルーティーンを行えば、有酸素系でのフィットネスはある程度向上します。しかし、それでもフィットネスプログラムに、ウォーキングやジョギング、ランニング、サイクリング、または水泳を加えることを薦めます。さらに、こうした平地で行う活動には、できれば坂を使った運動も取り入れることが特に大切です。

● その他のフィットネスの問題

私たち人間は、馬の不調を予防し、足りない栄養を補うために、馬の餌にミネラルや栄養素を加えます。それなのに自分たちは、ダイエットソーダやホットドッグで生きているのです！

適切な栄養の摂取は、どんなフィットネスプログラムにも含まれる課題です。特にライダーは、骨、

重心とは？

私たち誰もが重心について話しますが、重心が何であるか、そして重心がライダーにどう影響を及ぼすのか、本当に理解しているでしょうか？

重心は、体のバランスポイントです。体の大きな構成要素である、体幹、腕、足、それに頭は、それぞれ大きさの異なる塊です。これらの塊がつりあう点は、人が真っ直ぐに立っているときの、お臍のすぐ後ろにあります。そこが重心、すなわち、体の塊の平均値がある場所なのです。

シーソーをイメージしてみてください。シーソーの両端でバランスが取れているときは、支点、つまり中心点が重心です。では片方の端に体重がより重い人が座ったらどうなるでしょう？　バランスは失われ、重心は重い人の座った側に移り、そちらの端が下がり、反対側が持ち上がります。その重い人が中央の方に動いたら、バランスは回復し、重心はシーソーの中心、つまり支点に戻ります。

ライダーの重心は、体の大きさ、体型、それにフィットネスの度合いによって決まります。骨太で筋肉質な人が抱える問題は、骨と皮ばかりの人とは異なるでしょう。馬の重心は、そのときの歩法、馬体のフレームや収縮の度合いによって変わります。完全に収縮した馬場馬術競技馬の重心は、全速力で襲歩をしている競走馬の重心よりも高い位置で、より垂直線上にあるでしょう。

これはライダーの重心が動的であることを意味します。つまり重心が、馬の歩法やバランス、スピードによって変わるのです。ライダーの重心は、馬の重心と一致し、それに影響を与えられなければなりません。馬の上で、ライダーが常にバランスの取れた状態に近ければ近いほど、ライダーと馬の「一体感」は実現に近づき、馬が突然動いたり、問題を抱えていたり、「バランスが崩れた」状況でも、馬の背にとどまりやすくなります。

筋肉、靭帯、腱の組織や構造が、必ず成長し、また補修されるよう気を配らなければなりません。そのためには体を維持し、保護するビタミンやミネラルをサプリメントで補いながら、バランスの取れた食事を摂ることが欠かせないのです。

運動選手に必要なものや慣習に通じていて、サプリメントの利点と落とし穴も熟知している医師やトレーナーなどの専門家を見つけてください。特に骨折がまれな出来事でなく日常茶飯事である乗馬の世界では、年齢に関係なく、定期的に骨密度をチェックし、カルシウム、カリウム、マグネシウムのレベルを維持することがとても重要であることを、強調しておきます。

サプリメントは競技会に出ているとき、とりわけ、忙しくて食事すらできないときに、脳と体を助けてくれます。けれども、良い栄養とバランスの取れた食事に代わるものはありません。またアスリートとして、水はたくさん飲んでください。猛暑のなかで競技していたら、なおさら必要です。のどが渇いたと感じるとき、あなたはすでに脱水状態にあることを、忘れないでください！

● 道具、ウェア、器具

動きやすいウェアと、足を適切に支える靴を選びましょう。エクササイズを上手に楽に行えるようになったら、ヘルメットをかぶった状態（バランスに特に重要です）や、（フィットネスレベル、自身の柔軟性に合わせて）乗馬用のキュロットやブーツを履いた状態で行うなどして、難度を上げるのも可能です。

ジムのマシンを使うエクササイズには、自宅でも行える方法を紹介しています。代案に必要なものの多くは、簡単に手に入れることができるものです。

● 自宅で行う場合の基本的な器具

- **マット**：クッション性のある良いマットはいつでも役に立ちますが、バスタオルやカーペットでも十分です。
- **ゴムチューブ**：両端のある直線タイプと、（巨大な輪ゴムのような）円形タイプの2種類があります。強度も各種あるので、自身への負荷を調節（強くしたり）できます。

安全に関する注意

エクササイズ中に何か痛みを感じたら、痛みの性質を分析してください。それは「痛い」と感じる痛み、つまりあなたが何かに負荷をかけすぎたか、断裂させてしまったための痛みでしょうか。それとも筋肉が「これって、強すぎない？」と訴えている感覚でしょうか。もしも「痛い」と感じたのであれば、すぐに運動をやめて医師に診てもらいましょう。もしも頑張りすぎたための問題だったら、「痛みなくして得るものなし」という格言を無視して運動レベルを少し引き下げ、それから徐々に元のレベルに戻します。また、プロのトレーナーのアドバイスを求めることは、いつでもとても有益です。

- **バランスボール**：大型のボールです。ボールに座ってエクササイズを行い、安定性を高めるトレーニングに用います。
- **メディシンボール**：大砲の砲弾のような重くて丸いボール。様々なサイズ、重さがあります。
- **ウェイトバー**：長さ約 90 cm の重いバー。重さは様々です。
- **小さなブロック**：子ども用の積み木や、90 mm×90 mm（4×4）の木材を切ったものなど。馬用の青草を固めたブロックでも可能です。
- **ダンベル**：約 2.5〜10 kg の、様々な重さのダンベルがお薦めです。
- **ベンチ／椅子**：安全のために、必ず重くて安定性のあるものを使いましょう！
- **インクラインボード**：テーブルタイプまたはボードタイプ。片端を持ち上げて、座位または仰向けで行うエクササイズの難度が増します。
- **バランスボード**：ローラーの上に板をつけたもの。この上で安定を保つには優れたバランス感覚が必要になります。マルチタスキングのエクササイズにとても有効です。
- **ステップ台**：キャスター付き、またはキャスターなしのものがあり、どちらも役に立ちます。
- **アンクルウェイト／リストウェイト**：足首や手首に巻きつけ、マジックテープで固定します。エクササイズのルーティーンによっては、またはウォーキングやランニングの際にも、ウェイトを身につけると難度を増すことができます。
- **長さ 90 cm、半円形フォームローラー**：バランスと安定性を高めるエクササイズに使用します。背中のストレッチにも使えます！

ジムにある基本的な器具

ジムにある基本的な器具には、自宅で行う場合の基本的な器具の項で挙げたもの以外に、次のようなものがあります。

ユーティリティベンチ：多くのジムで見られるベンチです。シート部分が水平のタイプと、何段階か傾斜をつけられるタイプがあります。エクササイズに合った、快適で安定したベンチを選びましょう。幅が十分でも、体の動きを制限するほど広すぎないかどうかも確認しましょう。

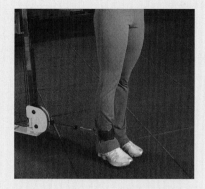

プーリーシステムまたはケーブルマシン：ジムで広く使われているマシンです。プーリー（滑車）が固定されているタイプは、プーリーがマシンの上と下に固定されています。プーリーの位置を調整できるタイプもあります。

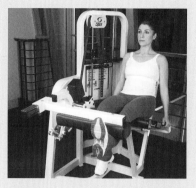

レッグエクステンションマシン：太ももの前側にある膝関節を伸展させる筋肉（大腿四頭筋）を強化するための、標準的なマシンです。膝関節の高さがマシンの回転軸と合っていて、快適に座れるマシンを選びます。

パラレルバー：様々な形とサイズがあります。独立型のバーもあれば、ウェイトアシステッド式の大きな複合タイプマシンの一部のものもあります。自分の体型に合っていてサポートしてくれるマシンを選び、トレーニングをするうちに筋力がついてきたら、アシストしてくれるマシンを選びましょう。

トライセップロープ付きプーリーシステムまたはケーブルマシン：プーリーの高さが調整可能な点を除けば、上記のプーリーシステムと同じです。プーリーがつけられている高さは肩の高さと同じになるよう調節します。ロープ式のハンドルにより、腕を制限されずに動かすことができます。

シーテッドレッグカールマシン：レッグエクステンションマシンとは反対の運動をするためのマシンです。こちらも、膝の高さとマシンの回転軸の高さが自分に合い、サポートパッドがアキレス腱に触れずに、ふくらはぎの下の方を支えるものを選びます。

● ルーティーンについて

　このプログラムの核は、スキルごとに考えられたエクササイズに対応するルーティーンのなかにあり、最新の運動トレーニングメソッドも組み込まれています。動的な、つまり動きを伴う場面に対応するフィットネスプログラムを生み出すために、何百時間もかけてライダーたちとともに研究し、ビデオを観察しました。レベルや分野を問わず、趣味で乗馬をするライダーと競技選手の双方が、必要とするものを分析しました。そして能力に関わりなく、すべてのライダーのニーズに対応する、特別仕様のルーティーンを編み出したのです。このユニークな6週間のルーティーンは、乗馬だけを念頭においた完全なフィットネスプログラムで、ライダーのフィットネスとスキルの両方を向上させ、ライダーに恩恵をもたらします。

● なぜこんなにルーティーンが多いのか？

　本書がほかのプログラムと異なる点は、5~7つのエクササイズで構成された18の内容の異なるルーティーンを、6週間かけて特定の順序で行うことです。なぜ、ほかの多くのプログラムで見られるように、同じルーティーンを6週間続けないのでしょうか？　それは、私たちがフィットネスの現場での仕事と科学的なリサーチから発見したように、人間の体はルーティーンにとても早く適応してしまうからです。つまり、人間の体は、あるルーティーンが繰り返されるとそれに慣れてしまうため、一定の時間（短い場合は2週間）を過ぎると、得るものがとても少なくなるのです。これは、繰り返される運動を記憶し、それに適応して学習をやめてしまうという人間の体の能力によるものです。

　身体的なフィットネストレーニングの最も効果的な手法は、体に継続的に新しいことを行わせることで、その結果、体は新しいスキルに適応し、それを身につけざるを得なくなるのです。このプログラムのバラエティに富んだルーティーンはまさにそれを行うもので、様々な運動スキルを長く持続させる効果があります。

どれくらいのウェイトを持ち上げるべきか？

エクササイズをはじめるのに最もふさわしいウェイトは、それを10回繰り返したときに、その運動をしたと実感できる重さです。最後の2回は大変に感じられるべきですが、それでも求められる動作を完全に行えなければなりません。1セットの最後1～2回ができないのであれば、回数が多すぎます。逆にウェイトが足りなくて運動が簡単すぎると感じたら、ウェイトを増やす前に、もっと集中してゆっくりエクササイズを行うことを考えましょう。もしかしたら、あなたはエクササイズを速くやりすぎているか、動作に十分な注意を払っていないのかもしれません。全神経を集中して運動をしてみましょう。

プログラムを進め、2巡目の6週間に入る頃には、もっと重いウェイトを使って抵抗を増やしたり、軽いウェイトで動きを速くしたりしてもかまいません。筋肉、関節、靭帯、腱は、エクササイズの強度や持続時間、繰り返す回数を少しずつ増やすと、早く反応を示すでしょう。

本書のルーティーンは、複数の関節と大きな筋肉を使うエクササイズが最も多くエネルギーを消費する、という調査結果に基づいて構成してあります。ですからルーティーンは、大きな筋肉を使うエクササイズからはじまり、より小さな筋肉に注目するエクササイズへと移ります。関節の運動を含むバランスワークもありますし、体の左右で同じ量のエクササイズを行うように留意しています。7～10回の繰り返しを1セットとして、最初は2セットからはじめましょう。そして自分の感覚に応じて、徐々に3セットから15セットまで増やしてもかまいません。

● スキルを身につける

　乗馬は様々なスキルを組み合わせて行う運動で、このプログラムは乗馬で使われるスキルに具体的に関連づけて開発しました。このプログラムは美的なものを目指してはいません。ここで身につけたスキルは、あなたをボディビルダーには見せてくれないでしょう。また、これらのスキルは個別に評価されるべきでもありません。1回の競技会に優勝するのが目的ではなく、プログラムの成果は、騎乗中のより良いパフォーマンスという形で現れます。1つのルーティーンを繰り返すと、きわめて規則的で固定的、かつ予測もできる、安定した1種類の運動スキルを鍛えられます。これはボウリングやダーツのように、固定的で安定した環境で行われる活動には有効です。けれども、これらは乗馬とはまったく異なるものです！　乗馬に必要とされる、動きを伴い、変わりやすくて不安定なスキルは、同じように動きを伴い、変わりやすくて不安定な、しかも時にはバランスすら取れないようなルーティーンによってこそ、改善、向上するのです。それがこのプログラムのもととなる考えです。

　プログラムのメニューに同じ内容のルーティーンが2日として存在しないのは、メンタルな認識と集中力を高めるためです。さらにこれらのルーティーンは、ライダーのフィットネスレベルや乗馬の種類を問わず、あらゆるライダーが使うスキルを重視しています。あなたが、トレーニングを通じて新しいスキルを学ぶつもりでも、すでに身につけたスキルを高めるつもりであっても、このプログラムはあなたをより優れたライダーにするでしょう。

　p.12〜17のチャートには、3つのルーティーンで構成された6つのブロックがあります。1つのブロックは1週間のトレーニングを、そして1つのルーティーンは週の1日のメニューになります（p.198〜199エクササイズチェックシートも参照）。自分のスケジュールに合わせて、1週間のどの3日にエクササイズを行ってもかまいませんが、必ず1日か2日、休みを間に入れてください。

● 3段階プログラム

　プログラムは、6週間を2週間単位で分け、3段階で構成されています。最初の2週間（第1期）は「イントロ」の段階で、体のコンディショニングをはじめる期間です。異なったルーティーンやエクササイズをすることに体を慣らし、同時にその後に続くより高度なタスクに備えて、基礎を固めます。

　プログラムの第2期では、より難しいエクササイズが登場し、時には2つの異なる動きに同時に集中しなければなりません。これらは最後の2週間のチャレンジへとつながる、スキルの構築に重きを置いたエクササイズです。最後の第3期では、各ルーティーンのエクササイズのバリエーションと難度が

よりアップします。

● フィットネスを続ける

6週目を終えたら、また最初からやりなおすこともできます。その際には、ウェイト自体またはウェイトを使う速度を、増やす、減らす、または変化させる、繰り返したりセット数を増やす、といった変化をつけましょう。6週間で、このプログラムとその使い方に慣れてくるにつれて自分に必要なものも変わるので、それに合わせて独自のルーティーンの構成を考えるのも可能です。簡単だったり難しかったりするエクササイズがいくつかあったら、エクササイズを1つ変える必要があるかもしれません。ただし、トレーニングする部位が同じエクササイズに変更しましょう。例えば下半身のエクササイズ（第3章）を変更するのであれば、同じ章にあるほかのエクササイズを選びます。

エクササイズを記憶して機械的に行うプログラムではないことを、忘れないでください。集中すること、騎乗中に体験するチャレンジに素早く自動的に対応できるよう、体に反応の仕方を教えるものなのです。

● フィットネスプログラムを 成功させる計画法

しっかり準備をしましょう。例えばエクササイズをするのは月曜日、水曜日、金曜日なのか、それとも火曜日、木曜日、土曜日にするのか、その週の予定を立てます。大切なのは、一定のペースで運動することと、必ず間隔を空けることです。また、以下のことにも注意して、プログラムを行いましょう。

- 6週間を通じて、同じスケジュールを維持するようにしましょう。
- 自分に合ったウェイトやリピート数、セット数を見つけ、それをプログラムの間中、ずっと守ります。エクササイズが簡単だと感じたら、すぐにウェイトや回数を増やすのでなく、エクササイズ自体に集中してみましょう。

- ルーティーンの途中で手を止めなくてすむよう、すべての機器や用具をそろえておきましょう。
- 毎回エクササイズ前にウォーミングアップをし、終わった後にストレッチをしましょう。

ストレッチ

エクササイズ後のストレッチには、様々な面で心と体に効果があります。

- 血行が改善し、筋肉や腱への血流が増します。
- 心拍数、血圧、体温が増し、文字どおりあなたの体をウォームアップします！
- 体の部位を回しながらストレッチすることで、可動域が広がると同時に、筋肉が収縮するスピードも上がります。ストレッチは神経筋の経路を、より激しい活動に対応できるようにしてくれます。
- ゆっくりしたストレッチは筋肉や腱の緊張をほぐし、怪我のリスクを軽減するとともに、筋肉のこわばりや筋肉痛を減らします。
- 適切なストレッチは腰や骨盤周囲の柔軟性を高め、腰背部の痛みのリスクを軽減させます。
- ストレッチは意識を集中させ、呼吸を整え、体のバランスを取る助けになります。
- ストレッチされた筋肉と腱はリラックスし、エクササイズを通じて、いっそう柔軟性が得られるようになります。

第1期　コンディショニング

1週目

ルーティーン1

エクササイズ		章	
12	スクワット	第3章	下半身
24	ヒップアブダクション	第3章	下半身
31	馬体の幅に足を開いて行うシーテッドヒールレイズ	第3章	下半身
66	リバースグリッププルダウン	第6章	上半身
62	クローズグリップベンチプレス	第6章	上半身
74	アップライトロウ	第6章	上半身
54	トランクエクステンション	第5章	姿勢

ルーティーン2

エクササイズ		章	
16	馬体の幅に足を開いて行うレッグプレス	第3章	下半身
28	レッグエクステンション	第3章	下半身
29	シーテッドレッグカール	第3章	下半身
61	ベンチプレス	第6章	上半身
73	インクラインダンベルロー	第6章	上半身
74	アップライトロウ	第6章	上半身
34	インクラインボードリバースカール	第4章	骨盤の傾斜

ルーティーン3

エクササイズ		章	
17	ステップアップ	第3章	下半身
25	ヒップアダクション	第3章	下半身
69	ハーフシートの姿勢で行うスタンディングローイング	第6章	上半身
68	ストレートアームプルダウン	第6章	上半身
74	アップライトロウ	第6章	上半身

このルーティーンにウォーミングアップのスツールスクーツ（p.27）を加えると良いでしょう

ルーティーン4

エクササイズ		章	
16	馬体の幅に足を開いて行うレッグプレス	第3章	下半身
24	ヒップアブダクション	第3章	下半身
31	馬体の幅に足を開いて行うシーテッドヒールレイズ	第3章	下半身
70	シーテッドローイング、プローングリップ	第6章	上半身
73	インクラインダンベルロー	第6章	上半身
74	アップライトロウ	第6章	上半身

このルーティーンにウォーミングアップのアブドミナルクランチ(p.27)を加えると良いでしょう

ルーティーン5

エクササイズ		章	
12	スクワット	第3章	下半身
25	ヒップアダクション	第3章	下半身
29	シーテッドレッグカール	第3章	下半身
68	ストレートアームプルダウン	第6章	上半身
63	クローズグリップベンチプレス、フィートアップ	第6章	上半身
74	アップライトロウ	第6章	上半身
55	トランクエクステンション with ローテーション	第5章	姿勢

ルーティーン6

エクササイズ		章	
17	ステップアップ	第3章	下半身
28	レッグエクステンション	第3章	下半身
29	シーテッドレッグカール	第3章	下半身
66	リバースグリッププルダウン	第6章	上半身
61	ベンチプレス	第6章	上半身
74	アップライトロウ	第6章	上半身
34	インクラインボードリバースカール	第4章	骨盤の傾斜

2週目

第 2 期　スキルの構築

3週目

ルーティーン 7

エクササイズ		章	
18	アンテリオラテラルステップアップ	第3章	下半身
24	ヒップアブダクション	第3章	下半身
27	ベントニーデッドリフト	第3章	下半身
71	ベントオーバーロー	第6章	上半身
2	足を上げて行うインクラインダンベルプレス	第2章	バランス
33	ハンギングニーレイズ	第4章	骨盤の傾斜
41	ペルビッククロック	第4章	骨盤の傾斜

ルーティーン 8

エクササイズ		章	
13	馬体の幅に足を開いて行うスクワット	第3章	下半身
16	馬体の幅に足を開いて行うレッグプレス	第3章	下半身
31	馬体の幅に足を開いて行うシーテッドヒールレイズ	第3章	下半身
63	クローズグリップベンチプレス、フィートアップ	第6章	上半身
48	バランスボールを使ったシーテッドローイング	第5章	姿勢
39	インクラインボード上で行うオルタネートレッグローワリング	第4章	骨盤の傾斜
40	ダイナミックペルビックコントロール	第4章	骨盤の傾斜

ルーティーン 9

エクササイズ		章	
19	ラテラルステップアップ	第3章	下半身
24	ヒップアブダクション	第3章	下半身
27	ベントニーデッドリフト	第3章	下半身
67	ディップス	第6章	上半身
47	バランスボールに座って行うダンベルフロントレイズ	第5章	姿勢
43	シーテッドバランスボールバック＆フォース	第4章	骨盤の傾斜
41	ペルビッククロック	第4章	骨盤の傾斜

4週目

ルーティーン 10

エクササイズ		章	
13	馬体の幅に足を開いて行うスクワット	第3章	下半身
11	片足でのケーブルプルスルー	第2章	バランス
32	ハーフシートの姿勢で行うレイズ	第3章	下半身
48	バランスボールを使ったシーテッドローイング	第5章	姿勢
46	バランスボールを使ったショルダーローテーション	第5章	姿勢
43	シーテッドバランスボールバック＆フォース	第4章	骨盤の傾斜
60	バランスボールとフォームローラーを使ったセルフモビライゼーション	第5章	姿勢

ルーティーン 11

エクササイズ		章	
19	ラテラルステップアップ	第3章	下半身
10	スタンディングヒップエクステンション	第2章	バランス
26	ストレートニーデッドリフト	第3章	下半身
47	バランスボールに座って行うダンベルフロントレイズ	第5章	姿勢
72	ベントオーバートランスバースロー	第6章	上半身
42	シーテッドバランスボールフラ	第4章	骨盤の傾斜
45	バランスボールを使ったトランクエクステンション with ローテーション	第4章	骨盤の傾斜

ルーティーン 12

エクササイズ		章	
13	馬体の幅に足を開いて行うスクワット	第3章	下半身
22	フォーワードレッグスウィング	第3章	下半身
32	ハーフシートの姿勢で行うレイズ	第3章	下半身
68	ストレートアームプルダウン	第6章	上半身
47	バランスボールに座って行うダンベルフロントレイズ	第5章	姿勢
45	バランスボールを使ったトランクエクステンション with ローテーション	第4章	骨盤の傾斜
42	シーテッドバランスボールフラ	第4章	骨盤の傾斜

第3期 チャレンジ

5週目

ルーティーン 13

エクササイズ		章	
7	半円形フォームローラー上で、足を馬体の幅に開いて行うスクワット	第2章	バランス
8	ユニラテラルスクワット	第2章	バランス
30	馬体の幅に足を開いて行うスタンディングヒールレイズ with アンギュレーション	第3章	下半身
46	バランスボールを使ったショルダーローテーション	第5章	姿勢
50	メディシンボールを使ったロシアンツイスト	第5章	姿勢
54	トランクエクステンション	第5章	姿勢

ルーティーン 14

エクササイズ		章	
14	馬体の幅に足を開き、横への移動を伴うスクワット	第3章	下半身
3	半円形フォームローラー上で、ハーフシートの姿勢で行うケーブルロー	第2章	バランス
56	メディシンボールスウィング	第5章	姿勢
58	クアドループトトランクエクステンション	第5章	姿勢
37	バランスボール上で行うトランクカール with ローテーション	第4章	骨盤の傾斜
1	レシプロカルダンベルプレス	第2章	バランス

ルーティーン 15

エクササイズ		章	
15	バランスボールを使い、上下動を加えたタイムドウォールスクワット	第3章	下半身
20	ランジ	第3章	下半身
30	馬体の幅に足を開いて行うスタンディングヒールレイズ with アンギュレーション	第3章	下半身
72	ベントオーバートランスバースロー	第6章	上半身
38	バランスボール上で行うトランクカール with オルタネートニーレイズ	第4章	骨盤の傾斜
51	サイドプランク	第5章	姿勢

6週目

ルーティーン 16

	エクササイズ		章	
49	タイムドウォールスクワット with トランクローテーション		第5章	姿勢
23	スタンディングヒップエクステンション with エクスターナルローテーション		第3章	下半身
64	メディシンボールを使った腕立て伏せ		第6章	上半身
6	片足で行うアップライトロウ		第2章	バランス
52	バランスディスクを使ったサイドプランク		第5章	姿勢

ルーティーン 17

	エクササイズ		章	
14	馬体の幅に足を開き、横への移動を伴うスクワット		第3章	下半身
21	クロスオーバーランジ		第3章	下半身
4	バランスボードを2個使い、ハーフシートの姿勢で行うケーブルロー		第2章	バランス
56	メディシンボールスウィング		第5章	姿勢
59	バランスボールを使ったプローントランクエクステンション with ショルダーエクステンション		第5章	姿勢
36	カウンターローテーション		第4章	骨盤の傾斜

ルーティーン 18

	エクササイズ		章	
57	コンボスクワット with ロートゥーハイプーリー		第5章	姿勢
9	サークルホップ		第2章	バランス
5	バランスボードを使ったシングルレッグベントオーバーダンベルロー		第2章	バランス
65	ウォークオーバープッシュアップ		第6章	上半身
44	バランスボールスケール		第4章	骨盤の傾斜
35	レシプロカルハンギングニーレイズ		第4章	骨盤の傾斜

第 1 章

ウォーミングアップとストレッチ（準備運動）

　ウォーミングアップとストレッチは、エクササイズと乗馬のルーティーンを構成する重要な要素です。筋肉を温めてリラックスさせ、運動への準備を整えると、怪我の予防にもつながります。

　本章に挙げたストレッチのエクササイズには馬上で行うものもあり、体が硬かったりストレスを抱えていたりするとき、あるいはレッスン前にウォーミングアップするときにも使えます。これらのエクササイズを行うとリラックスでき、鞍の上での安心感が増すでしょう。慣れてきたら、調馬索をつけた馬の上で行うこともできます（p.200 参照）。

　体がリラックスし筋肉も温まっていると、騎乗中にメンタルがリラックス状態を保ちやすいものです。しばらく乗馬から遠ざかっていた場合には特に当てはまりますが、体がそれ以上硬くなるのを防ぐのにも有効です。

　馬に乗っていても、いなくても、ストレッチをしながら息をすることを忘れないでください！

St ローワーレッグストレッチ

手　順

1. 裸足で、壁から約50〜90 cm離れて立ちます。両手を前に出し、壁につけます。
2. 背中を真っ直ぐにしたまま、肘と足首だけを曲げます。両方の踵は床につけておきます。
3. ふくらはぎの筋肉が軽く伸びているのを感じるまで、体を前に倒していきます。15〜30秒間この状態をキープしたら、力を抜きます。
4. このストレッチを3回繰り返します。

アキレス腱と腓腹筋

アキレス腱は、踵からふくらはぎ上部の裏側にある腓腹筋につながっています。この2つは硬くなりやすく、硬くなってしまうと、踵に体重をかけたときに足首のショックアブソーバーとしての機能が弱まります。

スタートのポジション

踵を床につけたまま、体を前に傾けます

スタンディングクワドストレッチ

手 順

1. 壁に向かって立ち、バランスを保てるよう左手を壁につきます。
2. 右足を曲げ、後ろから右手で足首をつかみます。
3. 踵をそっとお尻に近づけます。踵をゆっくりお尻の方に引き上げながら、太ももが骨盤の真下にくるように動かします。このとき太ももはもう一方の軸足と並び、膝は床に向くようにします。腰背部を伸ばしすぎないように気をつけましょう。
4. 15～30秒間、足を手順3の状態でキープしてから力を抜きます。
5. このストレッチを左右各3回繰り返します。

スタートのポジション

大腿四頭筋のストレッチ。膝は床に向いています

> ストレッチ

St ハムストリングストレッチ I

手 順

1. ①扉の枠の両サイドに壁があるような戸口か、②何もない２つの壁でできた角を見つけてください。床に仰向けになります。①の場合は、片足の外ももが戸口を通り、股関節が扉の枠に触れているようにします。②の場合は、片足の外ももが足と平行にある壁の下の部分に接し、股関節が壁の角に触れているようにします。

2. 反対側の足を持ち上げ、膝を伸ばして、床の上の足を横切るように倒します。このとき、両方の腰が床から浮かないようにします。

3. 手順２で倒した足をさらに床に近づけて、ストレッチを続けます。このとき、足を伸ばすと同時に、つま先を曲げて壁から離します。膝を揺らさないよう注意しましょう。15～30秒間、足をこの状態で静止します。

4. このストレッチを左右各３回繰り返します。

ハムストリングのストレッチ

ハムストリングストレッチⅡ

手 順

1. 仰向けになります。このとき、戸口を使う場合は、戸口を通るように片足を伸ばし、その内ももが扉の枠に触れているようにします。角の壁を使う場合は、片足の内ももを壁と平行に伸ばし、壁の下の部分に触れているようにします。

2. 反対の足の踵を、垂直の壁につけます。踵を壁に沿って上へスライドさせ、太ももが壁につくように、膝を伸ばしていきます。このとき、前に伸ばした足と両方の腰が床から浮かないようにします。

3. 上に伸ばした足が真っ直ぐになり、少し引っ張られるように感じられたら、その状態を15〜30秒間キープします。

4. このストレッチを左右各3回繰り返します。股関節とお尻を垂直の壁に近づければ近づけるほど、ストレッチは強くなります。

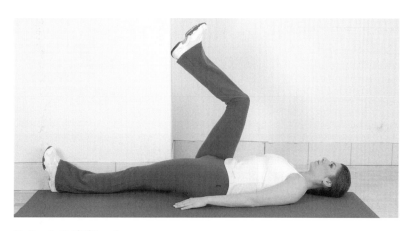

スタートのポジション

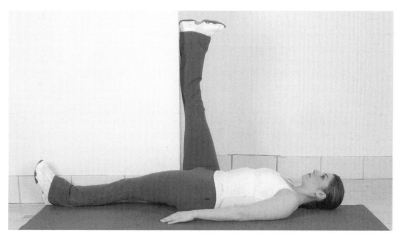

ハムストリングのストレッチ。膝は揺らしません

ストレッチ

St ヒップ & バトックストレッチ I

手　順

1. 膝を立てた状態で仰向けになります。足の裏を床につけます。
2. 右の踵を左の膝にのせます。
3. 足の間に両手を入れて、左膝の後ろをつかみます。
4. 左膝をゆっくり胸に引き寄せます。右のお尻と股関節がストレッチされるのを感じましょう。15～30秒間、この状態をキープします。
5. 足を替えながら、このストレッチを左右各3回繰り返します。

股関節、お尻（臀部）、腰背部のためのストレッチ

乗馬だけでなく、馬の周りで行う作業でも、股関節、お尻（臀部）、腰背部に大きな負担がかかります。運動や乗馬をする前に体のこうした部位をストレッチしておくと、馬に乗ったときにリラックスでき、怪我の予防にもつながります。

スタートのポジション

ストレッチ

踵を反対の足の膝にのせます

膝を胸に引き寄せて、キープします

ウォーミングアップとストレッチ

ストレッチ

St ヒップ＆バトックストレッチⅡ

手　順

1. 体の右側を下にし、両足を伸ばしたまま横になります。

2. 真っ直ぐに伸ばした左足を、ゆっくりと30〜45 cm上げます。体が前後に揺れて動かないように気をつけます。

3. 左足をゆっくりと元に戻します。

4. 7回を1セットとして、両方の足でストレッチを繰り返します。ストレッチを強めるには、持ち上げる足の足首に900 gのウェイトをつけます。最終的には1セット15回を3セットできるよう目指します。

スタートのポジション

レッグレイズ。両足首を曲げ、両方の足を真っ直ぐに伸ばします

ウォーミングアップ

スツールスクーツ

スツールスクーツは姿勢をコントロールする力を高めると同時に、膝関節周りの力を鍛えます。このエクササイズは、軽速歩での立ち上がりやハーフシート、襲歩をするときの姿勢をサポートする一方で、膝へのストレスからくる乗馬関連の怪我の予防にも役立ちます。エクササイズのメニューに簡単に加えることができ、ジムや厩舎、自宅でも行えます。

- キャスターのついたスツールが必要です。体重がかかるとキャスターがロックされるキッチン用スツールは使えません。キャスター付きのピアノ用のスツールなら完璧ですが、オフィスの椅子も使えます。
- スツールに座って体を真っ直ぐ起こし、両足を伸ばします。両足を約60cm先の床につけます。
- 体重を支えるために、太ももの付け根に両手を置きます。

- 自分自身とスツール（または椅子）を足の方に引き寄せたら、足をまた約60cm先に移動します。この動きを繰り返して、約4.5m前に進みます。
- 後ろに向きなおり、同じ動きをして元の場所に戻ります。オフィスにいたら、このテクニックを使ってオフィス内を移動しましょう。
- ごくわずかに体を前傾させると、筋肉がより強く収縮します。

アブドミナルクランチ

アブドミナルクランチは体幹や骨盤の安定性を高めるのに有効なエクササイズですが、騎乗中に馬が何かにおびえたり、急に前に飛び出したりするときの対応にも役に立ちます。ふだんのフィットネスプログラムに加えましょう。以下に手順を紹介します。

- 床に仰向けになり、両膝を立て、足の裏は床につけます。胸の前で両腕を交差させ、肩が床から数cm浮くまで、ゆっくりと上半身を起こしていきます。その状態をキープした後、腹筋からゆっくり力を抜きますが、ゆるめきらないようにします。これを1セット10〜15回で、3セット繰り返します。
- 上半身を起こすときに息を吐き、筋肉をゆるめるときに息を吸います。
- 上半身を右や左にひねる、左の肘を右の膝に、また右の肘を左の膝に交互に近づけるなど、回旋を加えて、難度を高めましょう。
- 自転車漕ぎの運動では、頭の両側に手を当てて、膝を持ち上げます。そして足で

ゆっくりペダルを踏む動きをはじめます。ペダルを踏みながら、右の肘を左の膝に、それから左の肘を右の膝に近づけます。ゆっくりとコントロールされた動きを維持します。
- どのようなバリエーションで行うにしても、常に頭と首はリラックスさせ自然な位置にあるようにします。動作を行うのは腹筋と骨盤周囲の筋肉で、首の筋肉ではありません。騎乗中に馬が突然横飛びしたときや、障害飛越で着地した瞬間に感じる強い力を考えましょう。
- エクササイズ中は口を開けていると、頭と首を緊張させずにすみます。「ホー」と声を出して行ってみましょう！

ウォーミングアップとストレッチ　27

ウォーミングアップ

Wa ヒップエクステンション・プローン

手 順

1. 両足を伸ばしたまま、うつ伏せになります。顎は組んだ腕にのせます。
2. 右足をゆっくりと、できるだけ高く床から持ち上げます。
3. 足をゆっくり床に戻し、休んでリラックスします。
4. これを7回で1セットとし、足を替えながら3セット行います。

スタートのポジション

伸ばした足を股関節から、ゆっくり持ち上げます

ストレッチ

St ローワーバックストレッチ

手 順

1. 仰向けになり、両膝を立てます。足の裏は床につけておきます。

2. 両膝を持ち上げます。両手で曲げた足を抱えて、胸に引き寄せます。このとき、腰背部は平らに保ち、床につけておきます。この状態を15〜30秒間キープします。

3. これを3回繰り返します。

スタートのポジション

両膝を胸に引き寄せます

ストレッチ

St ポスチャーストレッチ

手 順

1. 戸口に立ち、壁側の肘を肩の高さまで上げます。戸口脇の柱、または外側の壁に手のひらをつけます。
2. 両方の肩甲骨を寄せながら、体を静かに前に倒します。この姿勢で15〜30秒間キープします。
3. 力を抜き、スタートのポジションに戻します。
4. 両方の肩で、これを3回ずつ繰り返します。

肩、上背部、腕のストレッチ

騎乗姿勢の維持には肩、首、上腕部の筋肉のストレッチが役立ちます。これらの筋肉のストレッチは、騎乗中の緊張を和らげます。そのため、特に競技会を目指して騎乗しているときに、行うと良いでしょう。

スタートのポジション　　　　　　　　　前傾し両方の肩甲骨を寄せます

St ネック＆ショルダーストレッチ

手　順

1. ベンチまたはベッドにうつ伏せになり、片方の腕を下ろします。このとき親指は外に向けます。
2. 下ろした腕をゆっくりと、できるだけ高く上げます。このとき、必ず動きの中心が肩甲骨にあるようにします。
3. 手をスタートのポジションに戻します。
4. 両方の腕で交互に、これを7〜10回行います。

スタートのポジション

アームレイズ。腕を肩と同じか、肩より少し高い位置まで上げます

ウォーミングアップ

Wa ショルダーシュラッグ・プローン

手 順

1. ベンチまたはベッドにうつ伏せになり、片方の腕を下ろします。
2. 約1〜2.5kgまでのダンベルをつかみます。
3. ゆっくりとダンベルを持ち上げます。このとき、肩甲骨から持ち上げ、肘を天井に向けて曲げるようにします。腕は体の脇に添わせます。
4. 腕をスタートのポジションに戻します。
5. それぞれの腕で、これを7〜10回行います。

スタートのポジション

肘から曲げます。ダンベルを持ち上げている間、腕は体の脇に添わせておきます

Wa ゴムチューブの抵抗を使ったエクスターナルローテーション

手 順

1. 閉じた扉のハンドルにゴムチューブを結びつけます。
2. 体の左側を扉に向けて立ちます。
3. 小さな枕、または巻いたタオルを右腕と肋骨の間に挟みます。
4. ゴムチューブを右手でつかみ、肘を曲げたまま、肩から回転させながらチューブを外側へ引っ張ります。
5. このとき、肘は体の脇から離さず、タオルも動かさないようにしながら、前腕だけを動かします。
6. 腕をゆっくりスタートのポジションに戻します。
7. 両方の腕で、これを7〜10回行います。

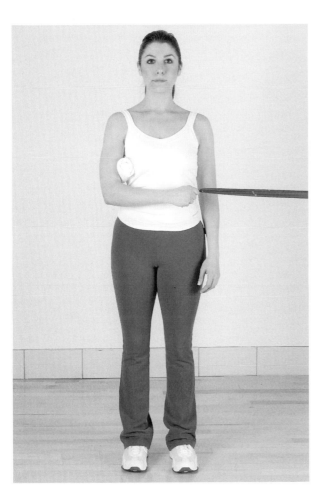

スタートのポジション

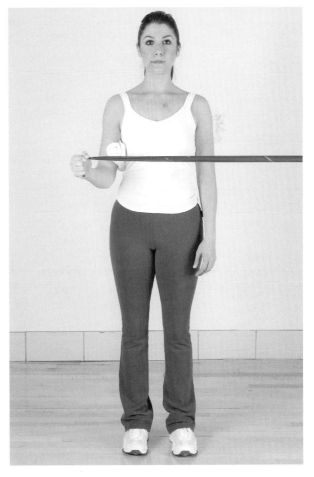

肩から回転させながら、曲げた腕を動かします

> ウォーミングアップ

Wa ゴムチューブの抵抗を使ったインターナルローテーション

手　順

1. 閉じた扉のハンドルにゴムチューブを結びつけます。
2. 閉じた扉のそばに、体の右側を向けて立ちます。
3. 小さな枕、または巻いたタオルを右腕と肋骨の間に挟みます。
4. ゴムチューブを右手でつかみます。親指を上に向け、右の肘を体に添わせたまま、肩から回転させてチューブを体の反対側へ引っ張ります。
5. ゆっくりスタートのポジションに戻します。
6. 両方の腕で、これを7〜10回行います。

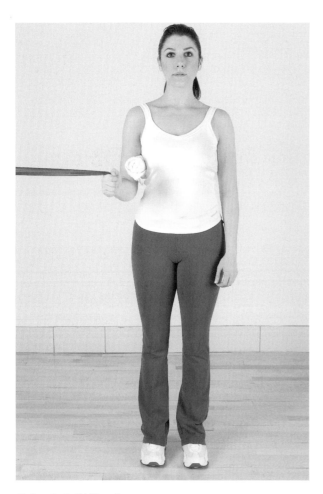

スタートのポジション

肩から回転させながら、曲げた腕を体の反対側まで動かします

Wa ローワートラペジウス

手 順

1. 床またはベッドにうつ伏せになります。片方の腕の肘を伸ばして、頭の上まで伸ばします。このとき、親指は上に向けます。
2. 胸と頭は上げずに、伸ばした腕を真っ直ぐに持ち上げます。
3. 腕をスタートのポジションに戻します。
4. 両方の腕で、これを7～10回行います。

スタートのポジション

腕を真っ直ぐに持ち上げます

ウォーミングアップ

Wa ゴムチューブの抵抗を使ったエクステンション

手　順

1. 閉じた扉の上部にゴムチューブを固定します。
2. 閉じた扉に向かって立ちます。
3. チューブの端を、親指を上にして片手でつかみます。
4. 肘を真っ直ぐに保って脇を閉じたまま、チューブを下の方、後ろに引っ張ります。腕が真っ直ぐ垂直になるまで引き下げ、それからゆっくりとスタートのポジションに戻します。
5. 腕を替えながら、1セット15回を3セット行います。

スタートのポジション

ウォーミングアップのコツ

　エクササイズのルーティーンや騎乗中に行う、特定の動きを練習するようにしましょう。スポーツごとに特化した動きや運動は、コーディネーション（協調性）、バランス、力やレスポンスタイムを改善します。また体を動かす範囲に合わせて体を準備すれば、タスクを実行する際の怪我のリスクを減らすことができます。エクササイズで求められる範囲まで体を動かしたときに必ず痛みを感じる場合、そのエクササイズは行ってはいけません。

下に引っ張ります

腕は真っ直ぐに保ち、体に添わせます

ウォーミングアップの理由

　ウォーミングアップは、メインイベント前の退屈な前座のように思えるかもしれません。しかしこれには多くの重要な利点があって、その後のエクササイズをより効果的で楽しめるものにしてくれます。一方、クールダウンにも、ウォーミングアップと同じ利点が数多くあります。どんなフィットネスプログラムでも、クールダウンは重要で、エクササイズには常に組み込んでおきましょう。

ウォーミングアップ

Wa ゴムチューブの抵抗を使ったフレクション

手　順

1. 右足でゴムチューブの片方の端を踏みます。チューブのもう一方の端を、親指を上にした右手でつかみます。
2. 右手を前に出し、それから肩より高く引き上げます。このとき腕は真っ直ぐに保ちます。
3. ゆっくりスタートのポジションに戻します。
4. 両方の腕で、1セット15回を3セット行います。

スタートのポジション

ストレッチと柔軟性

　ストレッチを行う第一の理由は、柔軟性を高めるためです。柔軟性が増すとエクササイズを行う能力が大きく向上するので、一般的なエクササイズからも多くの恩恵を得られるようになります。
　柔軟性が増すと、次のような面が改善されます。
- 姿勢と筋肉の張り具合が良くなります。
- コーディネーションが改善されます。
- 体の全般的な健康状態が良くなる。
- ストレスが減ります。
- 体の効率が良くなり、全般的なパフォーマンスも改善されます。
- 怪我のリスクが減ります。

ウォーミングアップ

腕を前方、上へ引き上げます

頭上まで腕を上げます

ウォーミングアップのコツ

エクササイズをはじめる前に、ジョギングで足踏みする、縄跳びをする、速足で歩く、腕を振りながら動く、など心拍数を上げる動きを数分間行って、ウォーミングアップしましょう。こうすると血流が良くなり、筋肉のパフォーマンスと柔軟性が改善されます。

ウォーミングアップとストレッチ 39

第2章

バランス

騎乗の成功をもたらす鍵の1つが、バランスです。良いバランスとボディコントロールが、あなたと馬との「一体感」を実現させてくれるのです。バランスは動的なもので、馬の動きによって変化します。このため騎乗している間、バランスは絶え間なく変わり続けています。

本章のエクササイズは、バランス感覚を向上させるために行います。バランスボードや半円形フォームローラーを使ってエクササイズを複雑にし、馬の動きにより近い状態を再現しています。無意識のうちにバランスを取ることができ、ライダーの重心が馬の重心とつながるようになれば、正しい乗馬のほかの側面に集中できるようになるでしょう。

正しいバランスは、体幹の安定性の一部です。次に挙げる、体幹の安定性の主な要素を頭に置きながら、本章のエクササイズを行いましょう。

- 重心
- 安定性：エネルギーの吸収
- パワー：エネルギーの変換
- 姿勢：左右対称
- 動き：非対称

これらの要素を意識すると、ルーティーンや騎乗の際、バランスの維持に役立ちます。

エクササイズ1

Ex1 レシプロカルダンベルプレス

効果：体幹のコントロール、バランス

必要な用具
- ベンチ
- ダンベル

手　順

1. ダンベルを両手に持ち、ベンチの上で仰向けになります。
2. 両膝を曲げ、ベンチの上で両足をそろえます。
3. 片方のダンベルを押し上げ、腕を天井に向けて真っ直ぐに伸ばします。
4. その腕をスタートのポジションに戻しながら、もう一方のダンベルを押し上げます。両方の手を同時に、反対方向に動かします。
5. この動きを7〜10回繰り返します。

　このエクササイズでは、足の助けを借りずに、体幹のコントロールとバランスを鍛えます。重りを交互に動かすと体幹を回転させる力が生まれるので、ベンチの上で安定するためには、この力をコントロールしなければなりません。これができると、騎乗中に上半身をより良い姿勢に保つことができ、バランスも取れるようになります。

ヒント

- 重りが交互に動くため、体は下がるダンベルの側へ押されます。
- 体幹の筋肉を使って、ベンチ上の体の姿勢を安定させます。
- ダンベルを下げはじめる前に、必ず肩を後ろに引き下げます。

エクササイズ1

両手を反対方向に動かします

体幹の筋肉を使ってベンチ上の体を安定させ、バランス良く保ちます

エクササイズ2

Ex2 足を上げて行う インクラインダンベルプレス

効果：腕と体幹の有効性、自立性、強さ

必要な用具
- ベンチ
- ダンベル

手　順

1. ベンチのシートを45〜60°に傾けます。
2. シートに寄りかかり、両手にダンベルを持ちます。両膝を上げて、両足を床から浮かします。
3. 両肘が床に真っ直ぐ向くまで、両方のダンベルを肩の高さに持っていきます。
4. 両腕が床に対して垂直になるまで、ダンベルを真っ直ぐ上に持ち上げます。
5. スタートのポジションに戻し、これを7〜10回繰り返します。

ヒント

- ダンベルは必ず胸から遠ざけ、真っ直ぐ上に持ち上げます。
- 背中は平らに保ち、ベンチにつけておきます。

このエクササイズでは、両足を浮かせて不安定な状態になるため、ベンチの上で体をじっと動かさずにいる力が試されます。またダンベルの動きで肩の筋肉が鍛えられるので、手綱を持って騎乗しているときに、より有効な姿勢を取れるようになります。

エクササイズ2

スタートのポジション

両足を浮かせたまま、両手を真っ直ぐ上に持ち上げます

エクササイズ3

Ex3 半円形フォームローラー上で、ハーフシートの姿勢で行うケーブルロー

効果：安定性、バランス

必要な用具

- 90 cmの半円形フォームローラー2本。プーリーシステム、またはゴムチューブを固定したところから約90 cm離し、肩幅の間隔を空けて真っ直ぐ並べます。
- プーリーシステム、またはゴムチューブ。ケーブルのプーリー、またはチューブの固定場所を、約1.5 mの高さにセットします。

手順

1. フォームローラーの平らな面の上に慎重に立ち、片手でケーブル、またはチューブのハンドルを持ちます。
2. 腕を前に伸ばし、ハーフシートの姿勢を取ります。
3. 腕を曲げながら、ハンドルを胴体に引き寄せます。
4. ハンドルが胴体まできたら、肘が体の後ろに行くまで、腕をさらに引きます。
5. スタートのポジションに戻し、これを7～10回繰り返してから、反対の腕でも行います。

ハーフシートの姿勢と、左右に傾く半円形フォームローラーを組み合わせたこのエクササイズは、とても難度の高いバランストレーニングです。ケーブルやチューブを引き下げると、実際には体が前に引っ張られますが、これは騎乗中にも経験することです。バランスを維持しつつ、引っ張られる力に対抗して安定性を保てれば、より効果的に騎乗できるようになるでしょう。

チャレンジしてみよう！

2本のフォームローラーの間隔を近づけると、エクササイズの難度が高くなります。

エクササイズ3

ハーフシートの姿勢を取った、スタートのポジション　　肘が胴体の後ろにくるまで引きます

ヒント

- フォームローラーの上に立ってバランスを維持することが、ポイントです。
- 馬に乗っているときのように、頭をニュートラルな位置に保ち、目線は正面を向きます。
- 背中は真っ直ぐに保ちます。

エクササイズ4

Ex4 バランスボードを2個使い、ハーフシートの姿勢で行うケーブルロー

効果：バランス、安定性

必要な用具

- バランスボード2個
- T字ハンドルを端につけたプーリーシステム、またはゴムチューブ

セットアップ

- ケーブルのプーリーの高さ（ゴムチューブを使う場合は、チューブを固定する高さ）を決めるには、ハーフシートの姿勢を取って、肩の高さをみます。これがケーブルをセットするポイントになります。
- ケーブルまたはチューブの起点から約1.2m離れたところに、面が前後に傾くような向きにバランスボードを置きます。足はおおよそ肩幅に開きます。

手順

1. 両手でハンドルを持ち、バランスボードに乗ります。
2. バランスが取れたら、ハーフシートの姿勢を取ります。両腕は手綱を持つように、体の前に伸ばします。
3. バランスの取れたハーフシートの姿勢を維持しながら、ハンドルを胸の方へ引き寄せます。1秒休んでから、ハンドルをスタートのポジションまで戻します。
4. ハンドルを引いている間、軽速歩を行うときのように、体を上下させます。
5. これを7～10回繰り返します。

チャレンジしてみよう！

- バランスボードの代わりに半円形フォームローラーやバランスディスクを使うと、エクササイズの難度がさらに上がります。フォームローラーは平らな面を上にし、平らな面に立つと体が前後に揺れるよう、横向きに置きます。ハーフシートの姿勢を長く保てない人には、良いエクササイズです。
- フォームローラーの上に立ったとき、体が左右に揺れるようにフォームローラーを縦に並べるのも良いでしょう。騎乗中に横方向への安定性を保つのに苦労していたら、このエクササイズはぴったりです。

このエクササイズは、ハーフシートの姿勢に足元の前後の動きを加えることで、バランスをより取りにくくしています。この状態は、障害飛越での馬の踏切と着地に、とてもよく似ています。

エクササイズ4

スタートのポジション。バランスの取れる姿勢をみつけます

ハーフシートの姿勢を保ったまま、最後までハンドルを引き寄せます

ヒント

- このエクササイズの間は、バランスの維持に集中します。ハンドルを自分の方に引き寄せると体が前へ引っ張られるので、お尻を後ろに突き出すようにして引っ張られる力に対抗します。
- 馬に乗っているときのように、頭をニュートラルな位置に、背中は真っ直ぐに、両肩は後ろに、そして目線は正面を向いた状態をキープします。
- このエクササイズは1個のバランスボードでも行えます。

エクササイズ5

Ex5 バランスボードを使ったシングルレッグベントオーバーダンベルロー

効果：片足ごとの強化、バランス

必要な用具

- 前後に傾くように置いたバランスボード
- ダンベル

手 順

1. 片手にダンベルを持ち、腕を真っ直ぐ下げます。同じ側の足でバランスボードの上に立ち、バランスを取ります。
2. 地面からコインを拾うときのように、股関節を屈曲させます。その間ずっと、バランスボードをバランスの取れた状態に保ちます。バランスを保つために、反対側の足を後ろに伸ばしてもかまいません。
3. 肘から動かして、ダンベルが体の脇にくるまで真っ直ぐ引き上げます。
4. ダンベルをゆっくりスタートのポジションに戻します。これを7～10回繰り返します。
5. 反対側でもこのエクササイズを行います。

このエクササイズはバランスと安定性を向上させ、上背部の肩の筋肉を鍛えます。片足で立つことで難度が増し、足を左右均等に強化することができます。

エクササイズ5

片足を伸ばしてバランスを取りながら、体を前に傾けます

肘から動かして、ダンベルを引き上げます

ヒント

- 軸足でバランスを保つことに集中します。
- 馬に乗っているときのように、背中と肩は真っ直ぐに保ち、頭と目線は正面を向きます。

エクササイズ6

Ex6 片足で行うアップライトロウ

効果：肩の強化、バランス、姿勢

必要な用具

- ダンベル2本

手 順

1. ダンベルを持った両手を、体の前で腰より低い位置に保持します。
2. 片方の足に体重をかけ、もう一方の足を床から上げます。
3. 上半身を揺らさないようにしながら、肘から動かしてダンベルを真っ直ぐ顎の方に引き寄せます。このとき、肘は肩より高い位置で、外に向きます。
4. 1秒停止し、それからダンベルをゆっくりとスタートのポジションまで戻します。
5. これを7～10回繰り返したら、反対の足に体重を移してこのエクササイズを繰り返します。

このエクササイズは、バランスと姿勢のコントロールを向上させながら、肩の力を強めます。

> エクササイズ6

スタートのポジション。片足に体重をかけています

ダンベルを持ち上げます。肘は肩より高く上げます

ヒント

- 軸足に体重をかけてバランスを維持し、上半身を真っ直ぐに保ちます。
- エクササイズをしている間、真っ直ぐな良い姿勢を維持します。

バランス 53

エクササイズ7

Ex7 半円形フォームローラー上で、足を馬体の幅に開いて行うスクワット

効果：足の強化、下半身の安定性、バランス

必要な用具

- 長さ90cmの半円形フォームローラー
- ダンベル2本

手　順

1. 両手にダンベルを持ち、フォームローラーに乗ります。このとき、おおよその馬体の幅に足を開き、ダンベルを体の前に下げます。次の動きに移る前に、しっかりバランスを取ります。

2. 足元にあるものを拾うときのように、なめらかな動きで腰を下げ、スクワットの姿勢を取ります。両腕は真っ直ぐ下げます。体を低くするとき前にかがみすぎないよう注意しながら、上半身を自然に前に傾けます。体重は、両方の足裏に均等にかけます（監訳注：正確には足の親指の付け根〈拇趾球〉、小指の付け根〈小趾球〉、踵を結ぶラインでできる三角形に、体重を均等にかけることです）。

3. 体を低くするときに、体が内側や外側に傾かないようにバランスを保ちながら、無理のない範囲で、できるだけ体を沈めます。

4. 両足でしっかり床を踏みしめて、スタートのポジションに戻ります。

5. これを7〜10回繰り返します。

このエクササイズは、騎乗姿勢を取ったときの足の強さと下半身の安定性を養います。半円形フォームローラーは、全般的な安定性とバランスを向上させます。

チャレンジしてみよう！

長さ90cmの半円形フォームローラー2本を、馬体の幅ぐらいの間隔で、左右に揺れることができるよう縦に置いて使います。

54　バランス

エクササイズ 7

スタートのポジション。馬体の幅に足を開きます　　足の幅はそのままで、ダンベルを持ってスクワットをします

ヒント

- このエクササイズでは、バランスがとても重要な要素です。常に両方の足裏に均等に体重をかけるようにしましょう。
- 体重が親指の付け根、またはつま先に移っていると感じるときは、前かがみになりすぎています。
- 馬に乗っているときのように、頭を上げて、目線は正面を向きます。前傾しているときも含めて、上半身は真っ直ぐ伸ばした状態をキープします。

バランス　55

エクササイズ 8

Ex8 ユニラテラルスクワット

効果：足の強化、安定性

必要な用具

- ダンベル2本

手　順

1. 両手にダンベルを持ちます。体重を片方の足にかけ、もう一方の足を床から浮かせます。

2. 足元にあるものを拾うときのように、なめらかな動きで腰を下げ、片足でスクワットの姿勢を取ります。体を下げるとき、前にかがみすぎないよう注意しながら、上半身を自然に前に傾けます。このとき、バランスを保つために、自由な足を後ろに伸ばしてもかまいません。体重は、軸足の踵でも親指の付け根でもなく、足裏に均等にかけます。

3. 無理のない範囲で、できるだけ体を沈めます。

4. 軸足でしっかり床を踏みしめて、スタートのポジションに戻ります。

5. これを7～10回繰り返したら、反対の足でこのエクササイズを繰り返します。

このエクササイズは、安定した騎乗姿勢に欠かせない独立した足の力を養います。片足で行うことは平衡感覚の面での難度を高めるので、騎乗中の安定がさらに望めます。

エクササイズ8

スタートのポジション

スクワット。体重は足裏に均等にかけます

ヒント

- このエクササイズでは、バランスがとても重要になります。常に足裏に均等に体重をかけるようにしましょう。
- 体重が親指の付け根、またはつま先に移っていると感じるときは、前かがみになりすぎています。
- 馬に乗っているときのように、頭を上げ、目線は正面を向きます。
- 前傾しているときも含めて、上半身は真っ直ぐ伸ばした状態をキープします。

エクササイズ9

Ex9 サークルホップ

効果：安定性、バランス、コントロール

必要な用具

- テープなどの印をつけるもの。床、またはマットの上に6ヵ所マークをつけて、直径約1.2ｍの円を描きます。

手　順

1. 1つのマークの上に片足で立ちます。反時計回りにマークからマークへ同じ足でホップを続け、最初のマークに戻ります。
2. それぞれのマークに着地する際、必ずしっかり動きをコントロールして体を完全に止めてから次のマークに向かいます。
3. それぞれの足で、反時計回りを2周、時計回りを2周します。

ヒント

- より効果的にバランスを維持するには、横方向よりも上方向へ動くようにします。
- 着地する際、つま先から踵まで均等に体重をかけるようにします。そして馬に乗っているときのように、姿勢を真っ直ぐ保ち、目線は正面を向きます。

このエクササイズは、負荷をかける足の安定性やバランス、強さを高めるダイナミックなエクササイズです。これによってライダーのコントロール、特にあぶみに立っているときのコントロールが大きく改善されます。

58　バランス

エクササイズ9

スタートのポジション

毎回、円周上のマークに着地するとき、しっかりと動きをコントロールして止めます

バランス 59

エクササイズ 10

Ex10 スタンディングヒップエクステンション

効果：股関節の強さ、バランス、安定性

必要な用具

- プーリーシステム、またはゴムチューブ

手　順

1. 片方の足首にプーリーシステムのカフをはめるか、ゴムチューブを巻きつけます。プーリーシステムのウェイトスタック、またはチューブを固定したところに向いて、真っ直ぐに立ちます。
2. ウェイトスタックが軽く持ち上げられるか、ゴムチューブが引っ張られるまで、3歩後ろに下がります。
3. カフまたはチューブを巻きつけた足を、約60 cm前に出します。軸足で、真っ直ぐバランスを保って立ちます。
4. 両手を腰に当てて、軸足でしっかり立ち、膝を軽く曲げます。
5. 真っ直ぐに伸ばした反対の足で、ケーブルまたはチューブを、体から少し離して斜め後ろに引きます。このとき、足は外側の斜め後ろへ斜めの線を描き、つま先は無理のない範囲で前に向けます。股関節は内転も外転もしないようにします。
6. 姿勢を真っ直ぐに保ったまま、足をさらにできるだけ斜め後ろに動かします。
7. 手順6の姿勢を1秒保ってから、ゆっくりとスタートのポジションに戻ります。
8. これを7～10回繰り返したら、反対の足でこのエクササイズを繰り返します。

このエクササイズには、負荷をかける方の股関節周りを強化してバランスを向上させること、そして軸足の股関節周りの安定性を改善するという、2つの目的があります。体を斜めに横切る動きは、騎乗中に体験する、横方向への力と前後にかかる力の両方を再現するものです。

エクササイズ 10

足を体の前に出します

姿勢を真っ直ぐに保ったまま、カフやチューブを巻きつけた足を後方、外側に動かします

ヒント

- 軸足に意識を向けると、安定性とコントロールを向上させやすくなります。
- 必ず骨盤の高さが左右水平で、前を向いているようにします。
- はじめのうちこのエクササイズが難しすぎたら、椅子につかまり、体を安定させて行いましょう。筋力が強くなったら、サポートなしで行うようにしましょう。

エクササイズ 11

Ex11 片足でのケーブルプルスルー

効果：バランス、股関節周囲の筋肉のコントロール

必要な用具

- プーリーシステム、またはゴムチューブ

手　順

1. 片方の足首にプーリーシステムのカフをはめるか、またはゴムチューブのループを巻きつけます。プーリーシステムのウェイトスタック、またはゴムチューブを固定したところを背にして、真っ直ぐに立ちます。このとき、カフやループを巻きつけた方の足は、少し後ろに下げます。

2. ウェイトスタックが軽く持ち上げられるか、ゴムチューブが引っ張られるまで、3歩前に進みます。カフまたはチューブを巻きつけた足は、体の外側の斜め後ろにくるようにします。このとき、つま先だけでなく足全体が、体から少し外側に向いているようにします。

3. 良い姿勢を保ちながら、体重を軸足にかけます。

4. 両手を腰に当てて軸足でしっかり立ち、膝を軽く曲げます。このとき、必ず骨盤の高さが左右水平になっているようにします。

5. つながれた方の足を前に引っ張ります。引っ張る際に、負荷をかけている足の膝は曲げたままにします。この足が体の正面で最も高く上げられるところ、または太ももが床と平行になるまで、持ち上げていきます。

6. 手順5の姿勢を1秒保ってから、ゆっくりとスタートのポジションに戻ります。

7. これを7〜10回繰り返したら、反対の足でもこのエクササイズを繰り返します。

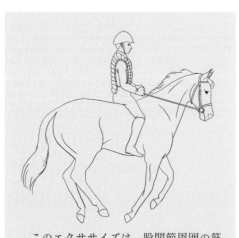

このエクササイズは、股関節周囲の筋肉のバランスとコントロールを改善します。

エクササイズ 11

スタートのポジション

太ももが床と平行になるまで、足を持ち上げます

ヒント

- 軸足に注意を向けると、安定性とコントロールを向上させやすくなります。
- 必ず骨盤の高さが左右水平で、正面を向いているようにします。
- はじめのうちこのエクササイズが難しすぎたら、椅子につかまり、体を安定させて行いましょう。筋力が強くなったら、サポートなしで行うようにしましょう。

バランス 63

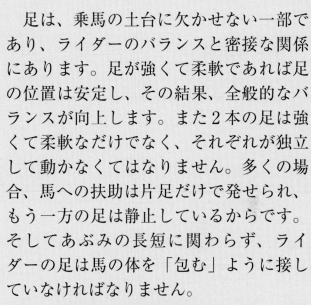

第3章
下半身

　足は、乗馬の土台に欠かせない一部であり、ライダーのバランスと密接な関係にあります。足が強くて柔軟であれば足の位置は安定し、その結果、全般的なバランスが向上します。また2本の足は強くて柔軟なだけでなく、それぞれが独立して動かなくてはなりません。多くの場合、馬への扶助は片足だけで発せられ、もう一方の足は静止しているからです。そしてあぶみの長短に関わらず、ライダーの足は馬の体を「包む」ように接していなければなりません。

　どの歩法や乗馬の分野でも、膝、それと特に足首は、騎乗中のショックアブソーバーの役割を担っています。本章のエクササイズは、乗馬によるストレスが原因の怪我を防ぐのにきわめて有効です。

　乗馬をはじめたばかりの人や乗馬を再開した人が、最初の1、2回の騎乗後に最も筋肉痛を感じるのが足です。痛む部位、特に膝や内ももは、騎乗中にライダーが緊張させていたところです。これらの部位にはあまり関心が向けられません。しかし、ここを対象にしたエクササイズを行えば、より早く、またより快適に、馬に乗ることができるでしょう。

エクササイズ12

Ex12 スクワット

効果：足の力、バランス、安定性

必要な用具

- マット
- ダンベル、またはリスト（手首）ウェイト

手　順

1. 両足を肩幅に開いて、真っ直ぐに立ちます。両腕は体の脇に自然に下げます。

2. 足元にあるものを拾うときのように、なめらかな動きで腰を下げ、スクワットの姿勢を取ります。体を下げながら、上半身は自然に曲がるままにします。体重は、両方の足裏に均等にかけます（監訳注：正確には足の親指の付け根〈拇趾球〉、小指の付け根〈小趾球〉、踵を結ぶラインでできる三角形に、体重を均等にかけることです）。

3. 無理なくできるところまで、体を下げます。

4. 両足で床をしっかり踏みしめながら、スタートのポジションに戻ります。

5. これを7〜10回繰り返します。

スクワットは足の力、バランス、安定性を高めます。これらは軽速歩で立つときや、駈歩や襲歩を行う際に、足を効果的に使うために必要な基本要素です。また、こうした運動でライダーにかかる力を吸収し、効果的な体勢を取る能力を高めます。

エクササイズ 12

横から見たところ。体重は両方の足裏に均等にかかっています

正面から見たところ。両腕は体の脇に自然に下がっています

ヒント

- このエクササイズでは、バランスがとても重要な要素です。エクササイズをしている間、常に両方の足裏に均等に体重がかかっているようにします。
- 馬に乗っているときのように、頭を上げ、目線は正面を向きます。
- 上半身は前傾しますが、背骨は丸めないようにします。前傾しているときも、上半身は真っ直ぐに保ちます。

＊監訳注：膝がつま先よりも前に出すぎないようにします。

エクササイズ 13

Ex13 馬体の幅に足を開いて行うスクワット

効果：力、ボディコントロール

必要な用具

- マット

手　順

1. おおよその馬体の幅に足を開き、真っ直ぐに立ちます。腕を体の前で組み、肘は体の脇に添わせます。

2. 足元にあるものを拾うときのように、なめらかな動きで腰を下げ、スクワットの姿勢を取ります。体を下げながら、上半身は自然に曲がるままにします。体重を、両方の足裏に均等にかけます。

3. 膝は外に押し出さず、両足の内側に合わせます。無理なくできるところまで、体を下げます。

4. 両足で床をしっかり踏みしめながら、スタートのポジションに戻ります。

5. これを 7～10 回繰り返します。

このエクササイズは、騎乗中の姿勢を正確に再現するので、動きのなかでの強さとボディコントロールを培うことができます。

エクササイズ 13

馬体の幅に足を開いた、スタートのポジション

スクワット。体重は両方の足裏に均等にかけます

ヒント

- このエクササイズでは、バランスがとても重要です。エクササイズをしている間、常に両方の足裏に均等に体重がかかっているようにします。
- 馬に乗っているときのように、頭を上げ、目線は正面を向きます。
- 上半身は前傾しますが、背骨を丸めないようにします。前傾しているときも、上半身は真っ直ぐに保ちます。

下半身

エクササイズ14

Ex14 馬体の幅に足を開き、横への移動を伴うスクワット

効果：姿勢、安定性

必要な用具

- マット

手　順

1. おおよその馬体の幅に足を開き、真っ直ぐに立ちます。腕を体の前で組み、肘は体の脇に添わせます。

2. 足元にあるものを拾うときのように、なめらかな動きで腰を下げ、スクワットの姿勢を取ります。体を下げながら、上半身は自然に曲がるままにします。

3. 両方の足裏を床につけたまま、片足に体重を移動します。体重は、足裏に均等にかけます。

4. 軸足の膝が外に押し出されないようにして、足の内側に合わせるようにします。無理なくできるところまで、体を下げます。

5. 両足で床をしっかり踏みしめながら、スタートのポジションに戻ります。立位姿勢に近づくにつれて、体重を再び中央に戻し、また体を下げはじめてスクワットの姿勢を取ります。

6. これを7〜10回繰り返します。次にもう一方の足に体重を移動しながら、この運動を繰り返します。

このエクササイズは体重を片足からもう一方の足へと横に移動させることで、難度を高めています。体重のかかった足により多くの負荷がかかるため、姿勢のコントロールと安定性が養われます。

70　下半身

エクササイズ 14

馬体の幅に両足を開いた、スタートのポジション

スクワット。体重を右足へ移動させています

ヒント

- 体が上下に動くなか、左右へのリズミカルな動きを確立するようにしましょう。
- 体が一番低い位置にきたとき、体の動きも止めるように意識しましょう。
- 上半身は真っ直ぐに保ち、目線は正面を向きます。

エクササイズ 15

Ex15 バランスボールを使い、上下動を加えたタイムドウォールスクワット

効果：足の持久力、姿勢

必要な用具

- 中型のバランスボール

手　順

1. 壁から約 90 cm 離れて背を向け、両足を肩幅に開き、真っ直ぐに立ちます。
2. 骨盤と腰背部の後ろにバランスボールを当てて軽く寄りかかり、壁に押しつけた状態を保ちます。
3. 股関節と膝をほんのわずかに曲げながら、上下に体を規則正しく動かしはじめます。
4. これをできる範囲で、なるべく長く続けます。少なくとも 30 秒間行いましょう。
5. 少し休んだ後、このエクササイズを 2 回繰り返します。

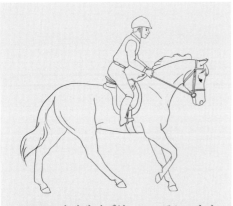

このエクササイズは、ハーフシートや襲歩の姿勢での足の持久力と姿勢の安定性を培います。小さな上下動を加えることで、膝の周囲と股関節周囲の筋肉に対する難度が高まっています。バランスボールは、体重移動とバランスの変化に即座に反応して動きます。

エクササイズ 15

スタートのポジション

膝を軽く曲げ、体を規則正しく上下に動かします

ヒント

- 馬の背中の上下動に似せたリズミカルな動きを目指します。
- 背中を真っ直ぐに、肩は開いた状態に保ちます。
- 上下動を早くすると、難度が増します。

下半身

エクササイズ16

Ex16 馬体の幅に足を開いて行う レッグプレス

効果：足の強さ

必要な用具

● レッグプレスマシン

手　順

1. ベンチに座るか、背中を後ろに傾けて座ります。おおよその馬体の幅に足を開き、プレートにのせます。

2. 膝を軽く曲げます。しっかりと、でも力を入れすぎないようにして、プレートを両足で押し上げ、重さが両足の中央にかかる位置をみつけます。プレート上で足を上下に動かしながら、重さが両足に均等にかかる位置をみつけます。

3. 両足がほぼ真っ直ぐになるまで、意識して力をこめてプレートを押し上げます。

4. 同じように、意識しながら足の動きを止め、両足が完全に伸びたところで終わります。

5. なめらかな動きでスタートのポジションに戻り、一度完全に動きを止めてから、再び押し上げます。これを7～10回繰り返します。

ヒント

● 足の押す力が出るように、プレートを素早く意識的に動かします。
● 両方の足で均等に押し上げます。

このエクササイズは、騎乗姿勢を維持し、騎乗中に足に伝わる力の対処に必要な力を養います。レッグプレスは安定した姿勢で行うので、トレーニングの負荷を増やしやすく、足の力をしっかりと鍛えることができます。

74　下半身

エクササイズ 16

スタートのポジション。足を馬体の幅に開きます

両足を伸ばします

下半身

エクササイズ 17

Ex17 ステップアップ

効果：足の強さ、安全性、バランス、姿勢

必要な用具

- 高さ 10～30 cm のステップ台、またはスツール

手　順

1. ステップ台またはスツールを、体の正面に置きます。ステップ台またはスツールの中央に片足をのせます。
2. 体重が足の甲と一致するのを感じられるまで、体重を前に移動させます。体重移動が完全に行えるよう、上半身は少し前傾させます。
3. 軸足でしっかりステップ台を踏みしめて、体をステップ台の上に持ち上げます。
4. 両足をステップ台の上にのせて、立位姿勢を取ります。
5. 軸足をステップ台の上に残したまま、しっかりコントロールしながら体を下ろし、スタートのポジションに戻ります。
6. 片足でこれを 7～10 回繰り返してから、もう一方の足で繰り返します。

下半身のためのこのエクササイズは、足の力の鍛錬に欠かせません。片足ずつ行うので、安定性、バランス、姿勢のコントロールが改善されます。

エクササイズ 17

スタートのポジション

両足をステップ台の上にのせ、立位姿勢を取ります

ヒント

- このエクササイズを成功させるには、体重を軸足の真上に持ってくることからはじめるのがとても重要です。
- このエクササイズをしている間、軸足の膝がずっと足の中央の真上にあるようにします。
- 体を持ち上げるときは、軸足の筋肉を使います。もしももう一方の足で押し上げているようなら、ステップ台を低くします。

下半身

エクササイズ 18

Ex18 アンテリオラテラルステップアップ

効果：安定性、足の強さ

必要な用具

- 高さ10〜30 cmのステップ台、またはスツール

手　順

1. 片足の前外側から約60 cm離れたところに、ステップ台またはスツールを置きます。
2. ステップ台またはスツールの中央に片足をのせます。このとき、足は体の脇に対して、斜め前方におおよそ45°の角度を取ります。
3. 体重が足の甲と一致して感じられるまで、体を前や横に動かします。このとき、正面を向いたまま、体を真っ直ぐに保ちます。体重移動が完全に行えるよう、上半身を軽く前傾させます。
4. その足でステップ台を強く踏みしめ、体をステップ台の上に持ち上げます。
5. 両足をステップ台の上にのせ、立位姿勢を取ります。両手は体の脇に下げたまま、肩の力を抜きます。
6. 軸足をステップ台の上に残したまま、ゆっくりと体を下ろし、スタートのポジションに戻ります。
7. 片足でこれを7〜10回繰り返してから、もう一方の足でも繰り返します。

このエクササイズはステップアップ（p.76）と同種のエクササイズですが、水平方向への体の移動が加わり、難度が高くなります。騎乗中にこの動きが常に起きるわけではありませんが、負荷をかけられた足の動きが安定性を促進するので、この足が体から離れること（あぶみが外側に振れるような状況）を防ぎます。

エクササイズ 18

スタートのポジション。ステップ台が体の斜め前方にあります

ステップ台の方へ、体重を斜め前方に移動します

ヒント

- 常に正面を向きます。
- 体を水平方向に移動させるために、足でしっかり引き寄せます。
- 体重は軸足にかけたままにします。

両足をステップ台の上にのせて、立位姿勢を取ります

下半身

エクササイズ19

Ex19 ラテラルステップアップ

効果：臀筋群と軸足の安定性

必要な用具

• 高さ 10〜30 cm のステップ台、
  またはスツール

手　順

1. 片足の側面から約 60 cm 横に、ステップ台または
   スツールを置きます。

2. ステップ台またはスツールの中央に足をのせます。馬体の幅より少し大きく足を開きます。

3. ステップ台にのせた足に体重を移し、体重が足の甲と一致しているのを感じます。正面を向いたまま、体を真っ直ぐに保ちます。バランスが保てるよう、上半身が軽く前傾してもかまいません。

4. 軸足でステップ台を強く踏みしめ、体をステップ台の上に持ち上げます。

5. 両足をステップ台の上にのせ、立位姿勢を取ります。両手は体の脇に下げたまま、肩の力を抜きます。

6. 軸足をステップ台の上に残したまま、ゆっくりと体を下ろし、スタートのポジションに戻ります。

7. 片足でこれを 7〜10 回繰り返してから、もう一方の足でも繰り返します。

＊監訳注：難度を上げたい人は、両手に 5 kg 前後のダンベルを持って行うとより効果的です。また、ステップ台も高ければ高いほど臀筋群の筋活動は大きくなります。

このエクササイズは下肢の筋力を鍛えるので、馬上でより安定した姿勢を維持しやすくなります。体を横方向に引くと臀筋群は効果的に収縮を続けられようになり、ライダーはいっそう効率良く体を使えるようになります。

80　下半身

エクササイズ 19

足を横に出して、ステップ台にのせます

ステップ台の上で立位姿勢になります

ヒント

- 常に体を正面に向けておきます。
- 体を水平方向に移動させるために、足でしっかり引き寄せます。
- 体重は軸足にかけたままにします。

エクササイズ20

Ex20 ランジ

効果：力の吸収

必要な用具

• マット

手　順

1. 体の正面、約90cm先の床の1点に意識を集中させ、マットの上で真っ直ぐに立ちます。

2. 体重を前にかけながら、その1点に向かって大きく足を踏み込みます。このとき、体全体を1つのユニットとして動かします。

3. 踵で着地したらすぐに体重を足の裏全体に移し、前に出した足に体をのせて沈めます。

4. ランジの姿勢が心地良く取れるまで体を沈めたら、体を完全に静止させます。

5. 前の足で床を前に向かって強く踏みしめ、スタートのポジションに戻ります。

6. もう一方の足でも同じことをします。足を替えながら、これを片足7〜10回ずつ繰り返します。

チャレンジしてみよう！

ダンベル、またはリストウェイトを加えて、エクササイズを行います。

このエクササイズでは、足に力を吸収する能力と生み出す能力がつくので、ライダーは姿勢をより良くコントロールできるようになります。この力は特に障害飛越の着地の際に役立ちます。

82　下半身

エクササイズ 20

スタートのポジション

ランジを完了したときの姿勢

ヒント

- 負荷をかける足が着地するとき、体重が足裏に均等にかかるのを感じられるところまで、上半身を軽く前に傾けます。このとき、踵は必ず床についているようにします。
- 足だけを使うように意識を集中し、動いている間、上半身と腕は動かさないようにします。
- 床の上にスタート時の目印を決め、いつもその目印に戻るようにします。こうすると、適切な量の力を生み出すことができます。

下半身　83

エクササイズ21

Ex21 クロスオーバーランジ

効果：横方向への安定性

必要な用具

- マット

手　順

1. 体の約30 cm前方、かつ約60 cm外側になる1点を定めます。

2. 体重を前に移しながら、その点とは反対側の足で、その点に向かって大きく踏み込みます。このとき、体全体を1つのユニットとして斜め前方に動かします。

3. 踵で着地したらすぐに体重を足の裏全体に移し、前の足に体をのせて沈めます。

4. ランジの姿勢を楽に取れるところまで体を沈めたら、体を完全に静止させます。

5. 前の足で、床を前方と少し外側へ強く踏みしめて、スタートのポジションに戻ります。

6. もう一方の足でも同じことをします。足を替えながら、これを片足7～10回ずつ繰り返します。

このエクササイズはランジ（p.80）とラテラルステップアップ（p.82）の要素を組み合わせたもので、横方向への安定性を向上させながら、力を生み出し、力を吸収する能力を育てます。

チャレンジしてみよう！

小さい歩幅の踏み込みからはじめて、段々と踏み込みの歩幅を大きくしていきましょう。

エクササイズ21

クロスオーバーランジ。横から見た姿勢

クロスオーバーランジ。正面から見た姿勢

ヒント

- 床の目標地点に体を向けず、騎乗中と同じように、両足と胸は必ず正面に向いたままにします。
- 前に出す足で着地する際、体重が出した足の足裏に均等にかかるのを感じられるまで、上半身を少し前と横方向に傾けます。踵と足の裏が必ずしっかり床についているようにします。
- 足だけを使います。動いている間、上半身と腕を動かさないように意識を集中します。
- 床の上にスタート時の目印を決め、いつもその目印に戻るようにします。こうすると、適切な量の力を生み出すことができます。

下半身　85

エクササイズ22

Ex22 フォーワードレッグスウィング

効果：足の独立と安定性

必要な用具

- プーリーシステムまたはゴムチューブ

手　順

1. 片方の足首に、プーリーシステムのカフをはめるか、ゴムチューブを巻きつけます。プーリーシステムのウェイトスタック、またはゴムチューブを固定したところを背にして、真っ直ぐに立ちます。

2. 体の後ろで、ウェイトスタックが少し持ち上げられるか、ゴムチューブが引っ張られるように、2歩前に進みます。

3. 負荷をかける足が斜め後ろに位置するようにします。足が後ろに下がるにつれて、膝を軽く曲げます。

4. 両手を腰に当て、軸足でしっかり立ちます。軸足の膝を軽く曲げたまま、体は正面を向き続けます。

5. 弧を描くようにして、負荷をかける足を前に出します。このとき、足の動きは股関節からはじめ、膝を伸ばしたところで終わります。

6. 手順5の姿勢を1秒キープしてから、ゆっくりとスタートのポジションに戻ります。

7. 片足でこれを7〜10回繰り返してから、もう一方の足でも繰り返します。

このエクササイズでは、2つのことを行います。軸足は体を安定させ、もう一方の足を動かします。この組み合わせにより軸足の安定性が向上し、鞍の上でコントロールする力、特に回転運動の最中にコントロールする力が高まります。

86　下半身

エクササイズ22

スタートのポジション

負荷をかける足を伸ばして前に出します

ヒント

- 軸足に意識を向けます。こうすると安定性とコントロールが増します。
- 骨盤は正面を向け左右水平に保ちます。
- はじめのうちこのエクササイズが難しすぎたら、椅子につかまり、体を安定させて行いましょう。筋力が強くなったら、サポートなしで行うようにしましょう。

下半身

エクササイズ23

Ex23 スタンディングヒップエクステンション with エクスターナルローテーション

効果：臀部（お尻）の筋力強化とコーディネーション（協調性）、安定性

必要な用具

- プーリーシステムまたはゴムチューブ

手順

1. 片方の足首に、プーリーシステムのカフをはめるか、ゴムチューブを巻きつけます。プーリーシステムのウェイトスタックまたはゴムチューブを固定したところに向かって、真っ直ぐに立ちます。このとき、カフまたはチューブを巻きつけた方の足を少し前に出します。

2. ウェイトスタックが少し持ち上げられるか、ゴムチューブが引っ張られるように、3歩後ろに下がります。負荷をかける足は体の前になければなりません。体重を軸足に移し、良い姿勢で立ちます。

3. 両手を腰に当て、軸足でしっかり立ちます。軸足の膝は軽く曲げたままにします。

4. 負荷をかける足を、膝を伸ばしたまま真っ直ぐ後ろに引きます。

5. 負荷をかける足が軸足より後ろまで動いたら、軸足は動かさないようにして、体に負荷をかける足の方向に回転させます。

6. この運動の間、バランスを維持し、体が横を向いたら動きを止めます。

7. 手順6の姿勢を1秒保ち、それからゆっくりとスタートのポジションに戻ります。

8. 片足でこれを7〜10回繰り返してから、もう一方の足でも繰り返します。

このエクササイズは、股関節周囲の筋肉の強さとコーディネーションのバランスを取れるようにするもので、鞍の上での安定性を向上させ、その結果、動きのコントロールも改善します。

エクササイズ23

負荷をかける足を前に出し、体重は軸足にあずけています（手順2）

負荷をかける足の方向に体をまわします（手順5）

ヒント

- 安定性とコントロールを増すために、軸足に意識を向けます。
- はじめのうちこのエクササイズが難しすぎたら、椅子につかまり、体を安定させて行いましょう。筋力が強くなったら、サポートなしで運動します。

＊監訳注：つま先を上に向けて行うと、フォーワードレッグスウィング（p.86）と同じ効果になってしまうので、つま先は必ず前に向けます。

下半身 89

エクササイズ24

Ex24 ヒップアブダクション

効果：横方向への安定性

必要な用具

- プーリーシステムまたはゴムチューブ

手　順

1. プーリーシステムのウェイトスタック、またはゴムチューブを固定したところに対して、体を横向きにして真っ直ぐに立ちます。ウェイトスタックまたはチューブの固定したところから遠い方の足首に、プーリーシステムのカフをはめるか、ゴムチューブを結びつけます。

2. ウェイトスタックが少し持ち上げられるか、チューブが引っ張られるように、横へ2歩動きます。

3. カフまたはチューブを巻きつけた足を軸足の隣に置きます。バランスが取れた良い姿勢で立ちます。

4. 両手を腰に当て、軸足でしっかり立ちます。軸足の膝は軽く曲げたままにします。負荷をかける足を持ち上げ、軸足の前で交差させます。このとき、負荷をかける足の方向、またはそれとは反対の方向に、体をまわしてはいけません。

5. 負荷をかける足を、弧を描くように動かして体から横に遠ざけます。体が横に傾かずにできるところまで、足を動かします。

6. 手順5の姿勢を1秒保ち、それからゆっくりとスタートのポジションに戻ります。

7. 片足でこれを7〜10回繰り返してから、もう一方の足でも繰り返します。

このエクササイズは横方向への安定性を高めます。ヒップアダクション（p.92）と併せて行うと、股関節周囲と足の筋肉と機能の両面のバランスが向上します。

エクササイズ 24

負荷をかける足を軸足の前で交差させます

負荷をかける足を横に押し出します

ヒント

- 軸足に意識を向けることで、安定性とコントロールが増します。
- 骨盤は動かさず、左右水平に保ちます。
- はじめのうちこのエクササイズが難しすぎたら、椅子につかまり、体を安定させて行いましょう。筋力が強くなったら、サポートなしで行うようにしましょう。

エクササイズ25

Ex25 ヒップアダクション

効果：横方向への安定性

必要な用具

- プーリーシステムまたはゴムチューブ

手　順

1. 片足の足首にプーリーシステムのカフをはめるか、ゴムチューブを結びつけます。プーリーシステムのウェイトスタック、またはゴムチューブを固定したところに対して、体を横向きにして真っ直ぐに立ちます。負荷をかける足を内側にします。

2. ウェイトスタックが少し持ち上げられるか、ゴムチューブが引っ張られるように、負荷をかける足とは反対の足を、外側に2歩踏み出します。おおよその馬体の幅に足を開きます。

3. 体重を軸足に移し、良い姿勢で立ちます。負荷をかける足を床から持ち上げます。

4. 腰に両手を当て、軸足の膝を軽く曲げて、この足でしっかり立ちます。

5. 負荷をかける足を弧を描くように動かして、軸足の方に引っ張ります。負荷をかける足が軸足の前を交差したら動きを止めます。

6. 手順5の姿勢を1秒保ち、それからゆっくりとスタートのポジションに戻ります。

7. 片足でこれを7～10回繰り返してから、もう一方の足でも繰り返します。

このエクササイズは横方向への安定性を高めます。ヒップアブダクション（p.90）と併せて行うと、股関節周囲と足の筋肉と機能の両面のバランスが向上します。

エクササイズ 25

体重を軸足にのせます

骨盤の高さを左右水平に保ちながら、負荷をかける足を体の前で交差させます

ヒント

- 軸足に意識を向けることで、安定性とコントロールが増します。
- 骨盤は動かさず、左右水平に保ちます。
- はじめのうちこのエクササイズが難しすぎたら、椅子につかまり、体を安定させて行いましょう。筋力が強くなったら、サポートなしで行うようにしましょう。

下半身

エクササイズ 26

Ex26 ストレートニーデッドリフト

効果：股関節伸展動作の強化とハムストリング

必要な用具

- マット
- ウェイトバー、またはダンベル

手　順

1. おおよその馬体の幅に足を開いて、真っ直ぐに立ちます。ウェイトバーを体の前で持ちます。ダンベルを使う場合は、両腕を体の脇に自然に下げます。
2. 背中を真っ直ぐに保ちながら、お尻を後ろに突き出します。このとき、上半身を股関節から前に曲げます。それ以上お尻を後ろに突き出せないところで、動きを止めます。
3. スタートのポジションに戻ります。
4. これを7～10回繰り返します。

このエクササイズは、ハムストリング（太ももの裏）の筋群に集中して働きかけて、股関節伸展動作を鍛えます。その結果、特にハーフシートや襲歩の際に、姿勢がコントロールしやすくなります。

エクササイズ 26

スタートのポジション

お尻を後ろに突き出します

ヒント

- このエクササイズの目的は、お尻を床につけるのではなく、後ろに突き出すことです。太ももの裏に緊張を感じたら、そこで止めます。
- 背中は真っ直ぐにし、肩や背骨を丸めないようにします。
- 体重は常に両方の足裏に均等にかけます。親指の付け根やつま先にはのせません。

下半身 95

Ex27 ベントニーデッドリフト

効果：股関節伸展動作の強化と臀筋群

必要な用具

- マット
- ウェイトバー、またはダンベル

手　順

1. おおよその馬体の幅に足を開き、真っ直ぐに立ちます。ウェイトバーを体の前で持ちます。ダンベル、またはリストウェイトを使う場合は、両腕を体の脇に自然に下げます。
2. 両膝を軽く曲げます。
3. 背中を真っ直ぐに保ちながら、お尻を後ろに突き出します。このとき、上半身を股関節から前に曲げます。それ以上後ろにお尻を突き出せないところで、動きを止めます。
4. スタートのポジションに戻ります。
5. これを7～10回繰り返します。

　このエクササイズは、ハムストリングではなく、より大きな臀筋群に集中的に働きかけることで、伸展筋群を強化します。臀筋群はパワーとコントロールを生み出す臀部（お尻）にある大きな筋群で、乗馬のあらゆる場面で必要なものですが、特に軽速歩の立ち上がりと障害飛越には欠かせません。

エクササイズ 27

スタートのポジション

膝を軽く曲げ、股関節から上半身を曲げます

ヒント

- このエクササイズの目的は、お尻を床につけるのではなく、後ろに突き出すことです。太ももの裏に緊張を感じたら、そこで止めます。
- 背中は真っ直ぐにし、肩や背骨を丸めてはいけません。
- 体重は常に両方の足裏に均等にかけます。

背中を真っ直ぐにしたまま、お尻を後ろに突き出します

下半身 97

エクササイズ28

Ex28 レッグエクステンション

効果：膝の強化

必要な用具

- レッグエクステンションマシン、またはゴムチューブと背の高い椅子またはテーブル
- アンクルウェイト（オプション）

チャレンジしてみよう！

体を安定させる代わりに、両手を膝の上に置くと、エクササイズがより難しくなります。

手　順

1. レッグエクステンションマシンに座ります。太ももは床と平行に、背中は真っ直ぐにし、足は膝から自由に動けるような位置に保ちます。ゴムチューブを使う場合は、椅子またはテーブルの端に座ります。ゴムチューブの一方の端を椅子またはテーブルの足にしっかり結び、もう一方の端を片足の足首に結びます。チューブの長さによって、抵抗の度合いを調節します。

2. 足が体から離れるように、片足ずつ真っ直ぐに伸ばします。

3. ゆっくり膝を曲げて、足を約30cm下げます。この姿勢で1秒静止し、それから足を伸ばした姿勢に戻ります。

4. 片足でこれを7～10回繰り返してから、もう一方の足でも繰り返します。

ヒント

- マシンのシート、または椅子の座面に、お尻をしっかりつけておきます。
- ゴムチューブを使う場合は、片方の端を椅子の足に、もう一方の端を足首に結びつけます。このとき、抵抗を感じられるくらいにチューブを短くします。アンクルウェイトを使うときは、重いウェイトに変えたり、エクササイズの速度を速めることもできます。

このエクササイズは、膝周りに運動のコントロールをする筋肉をつけます。これは軽速歩の立ち上がり、障害飛越、ハーフシートや襲歩の姿勢を取るのに必要な筋肉です。

98　下半身

エクササイズ 28

スタートのポジション

負荷をかける足を完全に伸ばします

下半身 99

エクササイズ 29

Ex29 シーテッドレッグカール

効果：ハムストリングの強化

必要な用具

- レッグカールマシン、またはテーブルとゴムチューブ

手順

1. レッグカールマシンに両足を伸ばして座ります。ゴムチューブを使う場合は、テーブルの端に座り、片足だけ伸ばします。チューブの片方の端を足首にしっかり結び、もう一方の端は自分の正面の、テーブルとほぼ同じ高さのものに結びつけます。足を下げたときに抵抗が感じられるよう、チューブには軽い張りをもたせます。
2. 膝が最大限曲げられるところまで、伸ばした片足を下げます。
3. 足を曲げた姿勢で1秒保ち、それからゆっくりと伸ばした姿勢に戻ります。
4. 片足でこれを7～10回繰り返してから、もう一方の足でも繰り返します。

チャレンジしてみよう！

体を安定させる代わりに、両手を膝の上に置くと、エクササイズがより難しくなります。

ヒント

- マシンのシートまたはテーブルの表面に、お尻をしっかりつけます。

このエクササイズは、ハムストリングの膝関節と交わる箇所を鍛えます。ここの筋力は、障害飛越後の着地に非常に大切です。

エクササイズ 29

スタートのポジション

膝を曲げた左足が下方向に力を加えている間、右足は伸ばしたままにします

下半身

エクササイズ30

Ex30 馬体の幅に足を開いて行うスタンディングヒールレイズ with アンギュレーション

＊監訳注：本書では「ヒールレイズ」としましたが、同様のエクササイズを日本では「カーフレイズ」と呼ばれることも多くあります。

効果：ふくらはぎの強化と足首の柔軟性

必要な用具

- ステップ台、ブロック、38 mm×89 mm（2×4）の板のいずれか

手　順

1. おおよその馬体の幅に足を開き、真っ直ぐに立ちます。このとき、膝は肩幅より少し広く開きます。

2. ステップ台（またはブロックや板）に両足の親指の付け根をのせ、踵は浮かせます。

3. ゆっくりと踵を床まで下げ、2秒間その姿勢を保ちます。

4. バランスを維持したまま、つま先に体重をかけて、できるだけ高く立ちます。

5. 体を上げながら、膝同士を近づけます。膝の間隔が肩幅よりわずかに狭くなったところで止めます。

6. ゆっくりと踵と膝をスタートのポジションに戻します。

7. これを7〜10回繰り返します。

チャレンジしてみよう！

ウェイトを手に持って、エクササイズの難度を高めましょう。

このエクササイズはふくらはぎの筋肉を鍛え、同時に騎乗中に体重移動する際の足の力も高めます。ふくらはぎの筋肉は、馬上で体のポジションをコントロールするうえで、重要な役割をもっています。

102　下半身

エクササイズ 30

足の親指の付け根をステップ台に乗せます。踵を浮かせます

踵を床まで下げます

ヒント

- 体を弾ませずに、なめらかに動きましょう。
- 馬に乗っているときのように、体を左右均等に保ち、真っ直ぐ前を見ます。

エクササイズ31

Ex31 馬体の幅に足を開いて行うシーテッドヒールレイズ

効果：足首のコントロール

必要な用具

- ヒールレイズマシン、またはゴムチューブとブロック

手　順

1. ヒールレイズマシンのパッドの下に膝を入れて座ります。または太ももが床と平行になるようなスツールか椅子を選び、大きなループをつくったゴムチューブを結びつけて座ります。

2. おおよその馬体の幅に足を開き、マシンのステップ部分、または椅子の前に置いたブロックに、足の親指の付け根をのせます。

3. ゴムチューブを使う場合は、ループを足の親指の付け根の下と、膝の上にかけます。このとき、膝のお皿には絶対にループがかからないようにします。チューブには少し張りをもたせ、たるまないようにします。

4. 背中を真っ直ぐにし、両方の踵をできるだけ高く上げます。

5. 手順4の姿勢で1秒保った後、踵を下ろしてスタートのポジションに戻ります。

6. 踵をできるだけ低く下げます。その姿勢で1秒保った後、スタートのポジションに戻ります。

7. これを7～10回繰り返します。

　このエクササイズでは、膝を屈曲しているときの足首のコントロールを身につけます。足首はショックアブソーバーの役割をするので、強いだけでなく、柔軟でもなければなりません。また、このエクササイズは、足や足首、膝の怪我の予防にも役立ちます。

ヒント

- 馬に乗っているときのように、上半身を真っ直ぐに起こし、頭を上げて、目線は正面を向きます。

エクササイズ31

スタートのポジション。踵は床につけます

踵をできるだけ高く上げます

下半身 105

エクササイズ 32

Ex32 ハーフシートの姿勢で行うレイズ

効果：足と足首の強化

必要な用具

- 半円形フォームローラー、ブロック、38 mm×89 mm（2×4）の板のいずれか

手　順

1. 肩幅より少し広めに足を開いて、真っ直ぐに立ちます。足の親指の付け根でフォームローラーまたはブロック、板の上に乗ります。これがスタートのポジションです。

2. ハーフシートの姿勢を取ります。このとき手綱を持つように、両肘を曲げて両手を前に出します。

3. バランスが定まったら、ハーフシートの姿勢のまま、バランスが維持できるところまで踵をできるだけ下げます。

4. 手順3の姿勢で1秒静止し、それからゆっくりとスタートのポジションに戻ります。

5. 踵をできるだけ高いところまで上げます。

6. 手順5の姿勢で1秒静止し、それから体を下げてスタートのポジションに戻ります。

7. これを7〜10回繰り返します。

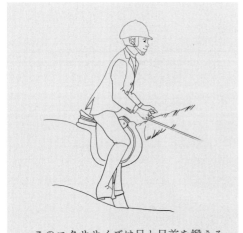

このエクササイズは足と足首を鍛えることで、ハーフシートの姿勢を取りやすくします。また、全体的なバランスと姿勢のコントロールも養うことができます。

エクササイズ 32

踵を下げて、バランスの取れたポジションを維持します

踵を上げて、バランスの取れたポジションを維持します

ヒント

- 次の障害物に向かうときのように、目線は正面を向きます。
- 馬に乗っているときのように、背中を真っ直ぐに、肩を開きます。

第4章
骨盤の傾斜

　骨盤、股関節、それに腰の強さと可動域は、ライダーと馬の関係を発展させる鍵になるものです。騎座と足は絶えず馬とコミュニケーションを取っているので、ライダーが扶助を効果的に出すには、馬上で安定しバランスが取れていることが重要です。

　骨盤、股関節、腰の強さと柔軟性は、襲歩の姿勢、フルシートやハーフシートの姿勢、障害飛越時の姿勢（踏み切りと着地、特に急斜面や水中への着地時の姿勢）など様々な姿勢の保持に重要です。腰背部と骨盤にはショックアブソーバーの役割もあって、特にライダーがまったく動いていないように見えなければならない速歩では、その役割は大きくなります。腹筋と併せて腰と骨盤の強さと柔軟性を鍛えることで、姿勢とバランスが改善されるでしょう。それによりライダーは独立した扶助を手に入れることができ、最高のパフォーマンスを発揮することができるようになります。

　骨盤、股関節、腰のどれもがストレスや疲労、怪我にさらされやすく、なかでも腰に多く影響がみられます。強さと柔軟性を高めるエクササイズをルーティーンに取り入れ、より優れたライダーを目指すとともに、将来的に問題となりうるリスクを減らすようにしてください。

Ex33 ハンギングニーレイズ

効果：骨盤周囲の筋肉の強化

必要な用具

- パラレルバー

手　順

1. パラレルバーのグリップを握り、両腕で体重を支えて体を浮かせます。足が床に触れないようにしながら、真っ直ぐに下げます。できれば、マシンの背中を支えるパーツに、体が触れないようにします。

2. 仙骨の一番上の部分を天井に押しつけるようなつもりで、骨盤を後ろに傾けます。

3. 骨盤を手順2の位置にキープしたまま、両膝を体の前に引き上げます。このとき、足が上がるにつれて両膝は曲げたままにします。膝が体の前にきて、太ももが床と平行になったら、足の動きを止めます。

4. 手順2の骨盤の傾きを維持したまま、ゆっくりと足を下ろします。

5. これを7〜10回繰り返します。

このエクササイズは、軽速歩での立ち上がりや障害飛越の着地をコントロールするのに必要な骨盤周囲の筋肉を効果的に鍛えることができます。

エクササイズ 33

スタートのポジション

太ももが床と平行になるまで、膝を引き上げます

ヒント

- エクササイズをしている間、体はできるだけ静止させます。
- 足は振り上げずに、ゆっくりと体の前に引き上げます。
- 馬に乗っているときのように、背中を真っ直ぐにし、頭を起こし、正面を見ます。

骨盤の傾斜

エクササイズ34

Ex34 インクラインボードリバースカール

効果：上半身の安定、腹筋の強化

必要な用具

- インクラインボード

手　順

1. インクラインボードの高い方に頭を置いて、ボードに仰向けになります。
2. 頭の上に両手を伸ばして、ハンドルをつかみます。膝を曲げて両足を引き上げ、腰背部をボードに押しつけます。
3. 膝を曲げたまま、両足を顎の方に引き寄せます。
4. 両膝が腰まできたら、骨盤を後ろに傾けて、膝をさらに顎の方に持ち上げます。
5. 手順4の姿勢を1秒キープしてから、スタートのポジションに戻ります。
6. これを7～10回繰り返します。

このエクササイズは上半身を安定させ、鞍の上で骨盤を効果的な位置に保つのに欠かせない腹筋を働かせるよう促します。

ヒント

- なめらかでコントロールのきいた動きで行います。
- 必ず背中を平らに、真っ直ぐに保つよう意識します。

エクササイズ34

スタートのポジション。両膝を曲げて、両足を持ち上げます

両足を胸に引き寄せ、両膝を顎に近づけます

骨盤の傾斜

エクササイズ 35

Ex35 レシプロカルハンギングニーレイズ

効果：骨盤のコントロール、腹筋の強化

必要な用具

- パラレルバー

手　順

1. パラレルバーのグリップを握り、両腕で体重を支えて体を浮かせます。足は床には触れないようにしながら、真っ直ぐに下げます。マシンを支えるパーツに体が触れないようにします。

2. 骨盤をニュートラルな位置に保ち、膝を曲げた片足を体の前に引き上げます。太ももが床と平行になるまで足を引き上げます。このとき、もう一方の足は真っ直ぐに下げたままにします。

3. 上げた足をゆっくり下げると同時に、もう一方の足を同じペースで体の前に引き上げていきます。骨盤をニュートラルな位置に固定しておくことに意識を集中します。

4. これを7～10回繰り返します。

このエクササイズは腹筋を鍛えて、骨盤をコントロールできるようにします。骨盤をニュートラルな傾きに保ちつつ足を交互に動かすため、難度が高いエクササイズです。

エクササイズ 35

膝を曲げた右足を、太ももが床と平行になるまで引き上げます

右足をゆっくり下げながら、左足を引き上げます

ヒント

- エクササイズをしている間、上半身はできるだけ静止させます。
- 足は振り上げないで、ゆっくりと引き上げます。
- 背中を真っ直ぐに保ちます。

骨盤の傾斜

エクササイズ36

Ex36 カウンターローテーション

効果：バランスと安定性

必要な用具

- バランスボード
- メディシンボール

手順

1. バランスボードに良い姿勢で立ち、バランスを取ります。
2. 手綱を持っているときのように両腕を前に出すか、両手でメディシンボールを持ちます。
3. 上半身または胸椎を右にまわします（回旋）。同時に骨盤を左に回旋させます（監訳注：回旋するのは、骨盤ではなく正確には胸椎です。脊柱の回旋のほとんどを胸椎が行い、腰椎は全体で5°とほぼ回旋しません。胸腰部の回旋は35°、胸椎は30°、腰椎は5°となります）。
4. 中央に戻ります。それから今度は上半身または胸椎を左に、骨盤を右に回旋させます。
5. これを7～10回繰り返します。

このエクササイズは、上半身を左右に回旋させても、鞍に安定して座っていられる力をつけます。

エクササイズ 36

上半身または胸椎を右に、骨盤を左に回旋させます（監訳注：右下の写真のように顔は正面を向いたままにします）

中央に戻った状態

ヒント

- 運動を止めることは、はじめるのと同じように重要なことです。ですからある点まで回旋したら、行きすぎないで必ず止まるようにします。
- 馬の上で、肘から手首、馬のハミまでを一直線上に保つのと同じように、両手と両腕が必ず正しい位置にあるようにします。ここでは人と握手をするときのように、親指を立てて両手を前に出します。
- メディシンボールを持つと、集中しやすくなります。

上半身または胸椎を左に、骨盤を右に回旋させます

骨盤の傾斜 117

エクササイズ37

Ex37 バランスボール上で行うトランクカール with ローテーション

効果：腹筋と体幹の回旋筋の強化

必要な用具

- 中型のバランスボール

手　順

1. 腰の下に当てたバランスボールの上で、仰向けになります。おおよその馬体の幅に足を開いて、床につけます。

2. 両腕を胸の上で組みます。頭をニュートラルな位置に保ったまま、上半身を前に起こしながら、左右どちらかに回旋させます。

3. ゆっくりと上半身を下げて、スタートのポジションに戻ります。

4. これを7～10回繰り返します。その後反対側に上半身または胸椎を回旋させます。2度か3度繰り返すたびに、小休止を入れます。

ヒント

- 馬に乗っているときのように、頭をニュートラルな位置に保ち、目線を上げて正面を見ることを忘れないようにします。

このエクササイズは腹筋と体幹の回旋筋を鍛え、鞍の上でバランスの良い安定した姿勢をみつけ、維持できるようにします。

118　骨盤の傾斜

エクササイズ 37

スタートのポジション

上半身を起こし、左右どちらかに回旋させます

骨盤の傾斜 119

エクササイズ38

Ex38 バランスボール上で行うトランクカール with オルタネートニーレイズ

効果：筋肉の強化、バランス

必要な用具

● 中型のバランスボール

手　順

1. 腰の下に当てたバランスボールの上で、仰向けになります。おおよその馬体の幅に足を開いて、床につけます。

2. 両腕を胸の上で組みます。頭をニュートラルな位置に保ったまま、上半身を前に起こしながら、左右どちらかに回旋させます。

3. 同時に上半身を回旋させた側の足を持ち上げます。

4. 上半身をスタートのポジションに戻しながら、持ち上げた足も床に下ろします。

5. 反対側でも同じように繰り返します。

6. 左右それぞれに、これを7〜10回繰り返します。

ヒント

● 必ず頭をニュートラルな位置に保ちます。騎乗中の姿勢を思い浮かべて、目線は常に正面へ向けましょう。

● あまりに不安定で難しいと感じたら、小さな動きからはじめ、徐々に動きを大きくしていきます。

このエクササイズは、不安定なバランスボールを使うことで、より効果的に体幹を強化することができます。体幹の安定性と骨盤をコントロールする力が増すことによって、軽速歩で立つときの姿勢が改善され、障害飛越の着地の際に、体にかかる力を吸収する能力も高まります。

120　骨盤の傾斜

エクササイズ 38

スタートのポジション

上半身を前に起こしつつ左右どちらかに回旋させ、回旋させた側の足を持ち上げます

骨盤の傾斜 121

Ex39 インクラインボード上で行う オルタネートレッグローワリング

効果：体幹の前側と股関節の屈曲・伸展の筋肉の強化

必要な用具

- インクラインボード

手　順

1. インクラインボードの高い方を頭にして、ボードの上に仰向けになります。
2. 頭の上に両手を伸ばして、ハンドルをつかみます。腰背部をボードに押しつけます。
3. 両膝を曲げながら、両足を胸の方に引き寄せます。
4. 手順3の位置から、片足を伸ばして床すれすれまで下げます。もう一方の足は上げたままにします。
5. 伸ばした足を手順3の位置に戻し、もう一方の足を伸ばして下げます。
6. これを7〜10回繰り返します。

ヒント

- このエクササイズをしている間、ずっと骨盤をニュートラルな傾きのままにし、足を下げる間も絶対に動かさないようにします（ベンチから腰部を浮かさないようにします）。

体幹と骨盤周囲の筋肉を強化することで、騎乗姿勢と軽速歩での立ち上がりが改善されます。

エクササイズ 39

片足を上げたまま、もう一方の足を下げます

足を入れ替えます

＊監訳注１：下げた足の膝を伸ばして行うと、難度が高まります。
＊監訳注２：エクササイズは、次の３つのことに注意して行いましょう。動作中に正しく呼吸ができているか？ 腰椎が伸展していないか？ 股関節が外旋していないか？

骨盤の傾斜

エクササイズ 40

Ex40 ダイナミックペルビックコントロール

効果：骨盤の安定性

必要な用具

- マット
- パートナー

手　順

1. マットに仰向けになります。パートナーには、頭を両足で挟むような位置に足の方を向いて立ってもらいます。パートナーがつかめるように、両足を床に垂直に持ち上げます。膝は軽く曲げておきます。

2. 足を肩幅ぐらいに開き、両腕は体のそばの床に置きます。

3. パートナーに両足を、床に向かってさっと強く突いてもらいます。押される力に対抗して、骨盤と足を安定させます。足が床につく前に、なめらかに足を止めます。

4. スタートのポジションに戻り、これを2～3回繰り返します。

ヒント

- 頭を床につけ、背中は真っ直ぐな状態をキープし、腰と骨盤の周りが動かないように意識を集中します。

注意：これは難しいエクササイズで、腰椎に負荷がかかる可能性があります。注意して行ってください。

このエクササイズは骨盤周囲の安定性を確立するのに優れており、騎乗中の突然のストレスへの耐性を高めます。実行するにはトレーニングパートナーが必要です。

エクササイズ 40

スタートのポジション

足への強い突きに対応しながら、腹筋でコントロールを維持します

骨盤の傾斜 125

エクササイズ41

Ex41 ペルビッククロック

効果：骨盤のコントロール

必要な用具

- マット

手　順

1. 床に仰向けになります。両膝を曲げ、両足は床につけておきます。このとき、踵からお尻までは約30 cm空けます。

2. 骨盤の下に時計の文字盤をイメージします。頭の方が12時で足の方が6時、そし両サイドが3時と9時です。

3. 時計回りにゆっくりと骨盤を回転させ、骨盤を傾けて文字盤上のすべての数字に触ります。

4. 反時計回りにもこれを繰り返します。

5. 次は文字盤の数字をランダムに触ります。このとき、それぞれの数字に2〜3回ずつ触れます。休息を入れて、もう一度繰り返します。

ヒント

- 時計の文字盤の数字ごとに意識を集中し、骨盤でゆっくり数字に触ります。

このエクササイズは、骨盤の動きをコントロールする力を育てるので、ほかのすべての骨盤エクササイズの基礎になります。

エクササイズ 41

スタートのポジション

骨盤を傾けて、時計の文字盤のそれぞれの数字に触ります

骨盤の傾斜

Ex42 シーテッドバランスボールフラ

効果：体幹の横方向への安定性

必要な用具

- 大型のバランスボール

手　順

1. バランスボールの中央に、おおよその馬体の幅に足を開いて座ります。
2. 両腕を上げ、頭の上で楕円形をつくります。
3. 骨盤を左右どちらかへ押し、バランスボールがわずかに反対方向に転がるようにします。
4. 骨盤周囲の筋肉を使って中央の位置に戻り、今度は反対側に押します。
5. これを7～10回繰り返します。

フラダンスのような動きは体幹の横方向への安定性を向上させるので、馬上でさらに安定感が増します。

エクササイズ 42

スタートのポジション

骨盤を右方向に押します

ヒント

- 上半身は真っ直ぐにして、背中を平らに保ちます。
- 横方向への動きをコントロールするのに必要であれば、バランスボールに両手を着きます。

骨盤を左方向に押します

骨盤の傾斜

エクササイズ 43

Ex43 シーテッドバランスボール バック & フォース

効果：強さと骨盤のリズム

必要な用具

● 大型のバランスボール

手　順

1. バランスボールの中央に、足を前に出して座ります。このとき、足は腰の幅よりわずかに狭く開き、足はバランスボールから 60 cm 前の床につきます。

2. 両足で床を強く踏みしめ、上半身をわずかに前傾させながら、バランスボールを後ろに動かします。

3. 骨盤周囲の筋肉を使ってバランスボールを引っ張り、スタートのポジションまで戻します。そして同じ筋肉を使い続けて、バランスボールをわずかに前に出します。

4. これを 7〜10 回繰り返します。

このエクササイズの前後への動きは、軽速歩の立ち上がる動きを再現しています。

チャレンジしてみよう！

　両腕を胸の前で組むと、このエクササイズの難度を上げることができます。バランスを取るために腕を使うことができないので、腕の独立性が高まります。腕がほかの部位とは独立して動くことができれば、より良い騎乗ができます！

130　骨盤の傾斜

エクササイズ 43

上半身をわずかに前傾させて、バランスボールを後方に押します

バランスボールを前に引っ張って、スタートのポジションに戻します

ヒント

- 上半身は真っ直ぐにして、背中は丸めてはいけません。

骨盤の傾斜

エクササイズ 44

Ex44 バランスボールスケール

効果：腹筋と背筋の強化、上半身の安定

必要な用具

- 大型のバランスボール

手　順

1. バランスボールの中央に、足を前に出して座ります。このとき、足は腰の幅よりわずかに狭く開き、足はバランスボールから 60 cm 前の床につきます。
2. 両腕を上げ、頭の上で楕円形をつくります。
3. ボール上でバランスを維持しながら、ボールを踵の方に引っ張り、上半身をできるだけ後ろに傾けます。
4. 上半身を起こしながら、ボールを後ろに押し戻します。
5. スタートのポジションに戻ります。これを 7〜10 回繰り返します。

このエクササイズは、シーテッドバランスボールバック＆フォース（p.130）の上級編です。腹筋と背筋に大きな負荷をかけることで、上半身がさらに安定します。

エクササイズ 44

スタートのポジション

上半身を後ろに傾けながら、ボールを前に引っ張ります

ヒント

馬に乗っているときのように、背中を真っ直ぐにし、肩を開いた状態をキープします。

＊監訳注：重りを持って行うと、さらに難度が上がります。

骨盤の傾斜

Ex45 バランスボールを使ったトランクエクステンション with ローテーション

効果：腰背部の強化

必要な用具

- 大型のバランスボール

手　順

1. お腹の下に当てたバランスボールに、うつ伏せに乗ります。
2. 足を肩幅に開き、足の親指の付け根を床につけます。
3. 両手を頭の脇に添えます。
4. ボールのカーブに沿って、上半身を前傾させます。
5. 上半身を伸ばしながらボールから浮かせ、真っ直ぐになった背中が水平より少し高い位置にくるようにします。上半身が伸びきる前に、片方に軽くひねります。
6. スタートのポジションに戻り、反対の方向で繰り返します。
7. 片側ごとに7〜10回繰り返します。

このエクササイズは腰背部の伸筋を鍛え、騎乗姿勢を改善します。

ヒント

- このエクササイズをする間、なめらかな動きを維持するよう心がけます。
- 上半身をひねる前に、必ず上半身を伸ばします。

エクササイズ 45

バランスボールの上で、上半身を起こします

上半身または胸椎をひねります

第5章

姿勢

騎乗中のライダーの姿勢は自身のバランスに影響を与え、馬とのコミュニケーションに直接の影響を及ぼします。姿勢に関しては、胴が長くて足の短いライダーの方が、足が長くて胴の短いライダーよりずっと苦労が多いでしょう。とはいっても、ある程度の苦労は誰にでもつきものです。騎乗中の良い姿勢とは、背中が真っ直ぐで、肩が開いていて、頭が起き、目線は進行方向へ向いている状態のことです。ライダーがこの姿勢を保つことができて初めて、馬と適切なコミュニケーションを取れ、馬の上で落ちついてまたは自然に呼吸ができて、リラックスできるのです。特に競技会では、これができることは重要です。

本章のエクササイズの多くは、バランスボールやメディシンボールを取り入れて、乗馬という運動の不安定な側面を再現しています。こういったマルチタスキングのエクササイズを行うことで、姿勢と乗り方が改善されるでしょう。良い姿勢を自然に取ることができれば、背中や首、肩への怪我を予防できるだけでなく、騎乗中にしっかりと呼吸ができるようになり、心身のリラックスと集中が可能になります。

エクササイズ46

Ex46 バランスボールを使った ショルダーローテーション

効果：肩のコーディネーション（協調性）と安定性

必要な用具

- 大型のバランスボール

手　順

1. 壁に向かい、約90cm離れて立ちます。
2. バランスボールをつかみ、肩よりわずかに低い位置で両腕を前に伸ばします。
3. 体を前に傾け、バランスボールを壁に押しつけます。体重をバランスボールにかけます。
4. 肩の筋肉だけを使って、バランスボールを反時計回りに何度か回転させます。
5. 同じ動きを時計回りで繰り返します。

このエクササイズは肩のコーディネーション（協調性）と安定性を向上させます。その結果、姿勢が良くなり、いっそう効果的な騎乗姿勢が得られます。

チャレンジしてみよう！

同じエクササイズを、床の上で腕立て伏せの姿勢でやってみましょう。

エクササイズ46

スタートのポジション

肩の筋肉を使ってボールを回転させます

ヒント

- 肘を真っ直ぐ伸ばした状態で行います。
- バランスボールを回転させる間、上半身を動かさないようにします。

＊監訳注：肩甲骨が浮いたり沈んだりせず、写真のように平らにして行うことが重要です。

姿勢　139

Ex47 バランスボールに座って行うダンベルフロントレイズ

効果：姿勢の安定性

必要な用具

- 大型のバランスボール
- ダンベル

手順

1. 足を肩幅ぐらいに開き、バランスボールに上体を起こして座ります。骨盤と背中を真っ直ぐに保ちます。
2. 両手にダンベルを持ち、体の脇に下げます。
3. 両腕を体の前に出し、肩の高さまで持ち上げます。
4. 手順3の姿勢を1秒保ったら、スタートのポジションまで両腕を下げます。
5. これを7〜10回繰り返します。

ヒント

- エクササイズの間、両肩を後ろに引き、背中を真っ直ぐに保ちます。

このエクササイズは、馬上で、体の前で手綱を持っている姿勢を再現します。姿勢を安定させるのにとても良いエクササイズです。

エクササイズ 47

スタートのポジション

両腕を体の前まで持ち上げます

姿勢 141

エクササイズ48

Ex48 バランスボールを使ったシーテッドローイング

効果：姿勢、肩の強化

必要な用具

- 大型のバランスボール
- プーリー（滑車）の調整可能な、ハンドル付きプーリーシステム、または中央で固定して、端を2つつくったゴムチューブ

手　順

1. プーリーシステムのプーリー、またはゴムチューブを固定した箇所の方を向いて、バランスボールに座ります。プーリーまたはチューブの固定するところは、肩の高さに合わせます。両足は30～60cm開いて、体の前の床に着けます。

2. プーリーのハンドルまたはチューブの両端を片手に持ち、ケーブルまたはチューブがぴんと張るようにして、上半身を起こします。腕は真っ直ぐ前に伸ばします。

3. 背中を真っ直ぐにし、頭は起こしたまま、ハンドルを体に引き寄せます。このとき、肘から動かしはじめて、手が体に近づくようにします。

4. 手順3の姿勢で1秒静止してから、ハンドルをゆっくりと動かしてスタートのポジションに戻ります。

5. 両方の腕でこれを7～10回繰り返します。

このエクササイズは肩の後ろの部分を鍛えるので、手綱のコントロールが改善され、その結果、馬の口をより良く感じられるようになります。座って行うことで、上半身の位置と姿勢のコントロールに集中できるため、馬上でのより良いバランスにつながります。バランスボールを使うことで不安定になるので、自分でバランスと姿勢をコントロールする努力が必要になります。

エクササイズ 48

スタートのポジション

肘から動かしはじめて、ハンドルを手前に引きます

ヒント

- バランスの取れた状態を維持し、姿勢を真っ直ぐ保つことに集中します。
- 骨盤と背骨が必ず直立しているようにします。
- 腕を動かしはじめる前に、必ず両肩を後ろに引きます。
- バランスボールができるだけ動かないようにし、体幹を使って自分のポジションを維持します。

姿勢 143

エクササイズ49

Ex49 タイムドウォールスクワット with トランクローテーション

効果：持久力、強さ、姿勢

必要な用具

- 重さ1〜3kgのメディシンボール2個
- 大型のバランスボール

このエクササイズは、持久力、鞍の上での姿勢、それに姿勢を保持する力のすべてを、同時に試します。これは障害のコースを走行する際に経験する、数多くのチャレンジへの対応力をつけるのに、とても良いエクササイズです。

手　順

1. 壁から約90cm離れ、壁を背にして立ちます。

2. 膝のすぐ上でメディシンボールを挟み、両足でボールを締めつけて保持します。

3. 骨盤の後ろにバランスボールを当て、壁に押しつけながらボールに寄りかかります。背中を真っ直ぐに、太ももは床と平行、膝は90°に曲げて、座った姿勢を取ります。

4. メディシンボールを足の間に留めるように、両足を締め続けます。

5. 2つ目のメディシンボールを持ち、肘を伸ばしたまま両腕を体の前に上げます。

6. 両腕を動かさないまま、バランスを失わずにできるところまで、上半身または胸椎を片方にまわします（回旋）。バランスボールは反対側に向かって少し動きますが、床に落とさないようにします。

7. 軽速歩の際の動きを再現するように、体を少し上下させます。

8. 体を上下させながら、上半身を反対の方向に完全に回旋させます。このとき両腕は体の前に伸ばし、メディシンボールはしっかり両足の間に保ちます。

9. 左右に方向を変えながら、30秒間、回旋を続けます。

エクササイズ 49

スタートのポジション

上半身または胸椎を右に回旋させます

ヒント

- 馬に乗っているときのように、真っ直ぐ前を見ます。
- 背中を真っ直ぐに、肩を左右水平に保ちます。
- 体重は、両方の足裏に均等にかけます（監訳注：正確には足の親指の付け根〈拇趾球〉、小指の付け根〈小趾球〉、踵を結ぶラインでできる三角形に、体重を均等にかけることです）。つま先の方に体重がかかっていると感じたら、両足を壁から離す必要があります。体重が踵にかかっていたら、両足を壁に近づけます。

上半身または胸椎を左に回旋させます

エクササイズ50

Ex50 メディシンボールを使ったロシアンツイスト

効果：上半身の安定とコントロール

必要な用具

- マット
- 重さ約1〜2kgのメディシンボール

チャレンジしてみよう！

両足をもっと体に近づけると、難度が高くなります。

手順

1. 両膝を曲げ、踵を床につけてマットに座ります。踵はお尻から約60cm前に置きます。この姿勢を保つのが難しかったら、踵を前にずらします。

2. お尻の左側の床に、メディシンボールを置きます。背中を真っ直ぐにしたまま、少し後ろに上半身を倒していきます。後ろに倒れないために腹筋が収縮しはじめたところで、後傾を止めます。腰背部に痛みを感じるようなら、上半身をもっと起こします。

3. 上半身をメディシンボールの方に回旋させて、ボールをつかみます。

4. 上半身だけを使って右方向に回転させ、メディシンボールをお尻の右側の床にタッチさせます。

5. 両方向に7〜10回繰り返します。

ヒント

- 必ず背中（脊柱）を伸ばし、骨盤を立てた位置に保つようにします。
- 体が後ろに倒れるようなら、両足をさらに前にずらします。

このエクササイズは上半身の安定性を身につけるのにとても適した運動で、上半身をコントロールする力と良い姿勢が得られます。上半身を鞍に戻す力を効率良く使えるようになるので、騎乗中の安定性が増します。

エクササイズ50

上半身を回旋させて、床のボールをつかみます

ボールを持ち、反対側に上半身を回旋させます

姿勢

エクササイズ51

Ex51 サイドプランク

効果：姿勢

必要な用具

- マット

手　順

1. マットの上で横向きになります。このとき、上にある腕と足が同一線上にくるようにします。

2. 下の腕は、体の線と直角になるように曲げ、手を前に出します。この腕と体が直角になるように体を起こします。足と腰は床についていますが、上半身は床から浮かせ、垂直に立つようにします。

3. 上半身を固めて腕が動かないように固定しながら、肩から踵までが直線を描くように、腰を床から持ち上げます。

4. 手順3の姿勢を1秒保ってから、腰を床に下ろします。

5. これを7〜10回繰り返してから、反対側でも行います。

このエクササイズは姿勢を安定させるエクササイズなので、騎乗中により良い姿勢が取れるようになります。

ヒント

- 体を支えている肩が動かないようにします。
- 動きはコントロールしながら、なめらかに行います。

エクササイズ51

スタートのポジション

腰を床から持ち上げます

姿勢

エクササイズ52

Ex52 バランスディスクを使ったサイドプランク

効果：姿勢とバランス

必要な用具
- マット
- バランスディスク

手 順

1. マットの上で横向きになります。このとき、上にある腕と足が同一線上にくるようにします。

2. マットにつけた腕の下にバランスディスクを置き、この腕を体の線と直角になるように曲げて、手を前に出します。この腕と直角になるように体を起こします。足と腰は床についていますが、上半身は床から浮かせ、垂直に立つようにします。

3. 上半身を固くし腕が動かないように固定しながら、肩から踵までが直線を描くように、腰を床から持ち上げます。

4. 手順3の姿勢を1秒保ってから、腰を床に下ろします。

5. これを7〜10回繰り返してから、反対側でも行います。

体を支える腕の下に不安定なものを置くことで、シンプルなサイドプランク（p.148）の難度を上げています。

ヒント

- 体を支えている肩がなるべく動かないようにします。
- 動きはコントロールしながら、なめらかに行います。

エクササイズ 52

スタートのポジション

腰を床から持ち上げます

姿勢

エクササイズ53

Ex53 半円形フォームローラーに乗ったサイドベント

効果：体幹の安定性の強化

必要な用具

- 半円形フォームローラー
- ダンベル

手　順

1. 肩幅よりやや狭く足を開いて、半円形フォームローラーの湾曲面に立ちます。
2. 片手にダンベルを持ち、もう一方の手は体の脇に下げます。
3. バランスを失わずにできるぎりぎりまで、ダンベルを持った方へ体を横に傾けます。
4. スタートのポジションに戻ります。
5. これを7～10回繰り返してから、反対側でも行います。

このエクササイズは、体幹の安定性を鍛えるので、馬上で上半身を起こした効果的な姿勢を保てるようになります。

チャレンジしてみよう！

- 足の幅を狭くすると、難度が上がります。
- フォームローラーを反対の面にして平らな面に立つと、より不安定な姿勢で練習できます。

エクササイズ 53

スタートのポジション

体を傾けながら、バランスを保ちます

ヒント

- 背中を真っ直ぐに、そして動かさないようにします。

エクササイズ 54

Ex54 トランクエクステンション

効果：姿勢、上半身の強化

必要な用具

- マット

チャレンジしてみよう！

- 両腕を横に出したり、頭の上に伸ばしたりしてみましょう。

手　順

1. マットの上でうつ伏せになり、両腕を体の脇に添わせます。肩がマットに触れていることを確認します。額をマットにつけて、頭と背骨が同一線上にくるようにします。
2. 頭と背骨が同一線上にあるようにしたまま、上半身を床から5〜7.5 cm反らせます。
3. 一番高い位置で体を一瞬止めてから、上半身を床に戻します。
4. これを7〜10回繰り返します。

ヒント

- 頭を起点にして動いたり、頭を反らしすぎたりしないようにします。

背骨に沿った伸筋を鍛えると良い姿勢を維持しやすくなり、騎乗中の前へ引っ張る力に、より効果的に対処できるようになります。

エクササイズ54

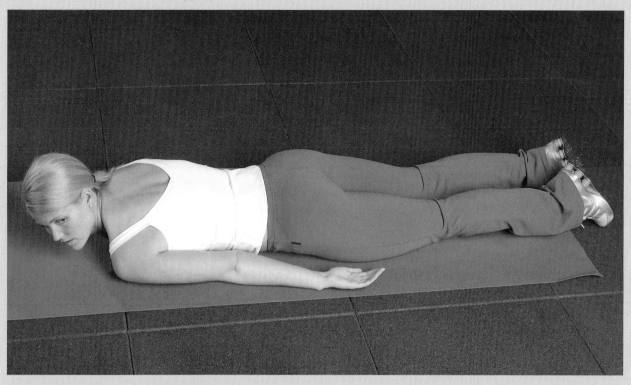

両肩を平らにマットにつけ、両腕は体の脇に添わせます

頭と背骨が同一線上にあるようにし、上半身を反らせます

姿勢 155

エクササイズ 55

Ex55 トランクエクステンション with ローテーション

効果：上半身の強化と安定

必要な用具

- マット

チャレンジしてみよう！

- 両腕を横に出したり、頭の上に伸ばしたりしてみましょう。

手　順

1. マットの上でうつ伏せになり、両腕を体の脇に添わせます。
2. 頭と背骨が一直線上にあるようにしたまま、上半身を床から5〜7.5 cm反らせます。一番高い位置に近づくにつれて、上半身をわずかに片方にひねります。
3. 一番高い位置で体を一瞬止めてから、上半身を床に戻します。
4. 同じ動作を反対方向にひねりながら行います。
5. これを7〜10回繰り返します。

ヒント

- 必ず先に上半身を反らし、一番高い位置に達する直前に上半身をひねりはじめます。
- 頭と背骨が一直線上にあるようにし、目線は上を見ます。

このエクササイズは、よりシンプルなトランクエクステンション（p.154）の難度を上げたものです。ひねりを加えることで、騎乗中の体幹の安定性とストレスへの耐性を高めることができます。

エクササイズ 55

上半身を反らします

左右交互にひねります

姿勢 157

Ex56 メディシンボールスウィング

効果：上半身の安定

必要な用具

- メディシンボール

手　順

1. おおよその馬体の幅に足を開いて立ちます。両膝を曲げて、高めの位置でスクワットの姿勢を取ります。

2. メディシンボールを両手で持ち、両腕を伸ばしたまま、ボールが両足の間にくるまで下げます。

3. 上半身から動きをはじめてボールを前に振り出し、頭の上まで勢い良く持ち上げます。このとき、手を上げながら両膝も伸ばします。頭の上で、意識的にボールを止めます。ボールの勢いで、上半身を伸ばさないように注意します。

4. ボールを再び、両足の間に持ってきます。描いた弧の一番低いところで、意識的に動きを止めます。

5. これを7～10回繰り返します。

このエクササイズの動きは、馬の加速と減速、言い換えれば、騎乗中に上半身にかかる前後への揺れを模倣するものです。このため、軽速歩での立ち上がり、発進と停止や、障害飛越の着地時のボディコントロールが大きく改善されます。

エクササイズ 56

スタートのポジション

ボールを前から上へと振り上げます

頭の上でボールを止めます

ヒント

- 両肩と背中を真っ直ぐに保ちます。
- 常に体重が両方の足裏に均等にかけます。

姿勢 159

Ex57 コンボスクワット with ロートゥーハイプーリー

効果：上半身と下半身の強化、コーディネーション（協調性）、姿勢

必要な用具

- 床近くにプーリーを設定したプーリーシステム、または床近くに固定したゴムチューブ

手　順

1. プーリーまたはゴムチューブにつけたハンドルを手に持ち、プーリーまたはチューブを固定したところから、約90cm後ろに下がります。

2. 体重は、両方の足裏に均等にかけながら、体を低くしてスクワットの姿勢を取ります。体を低くするにつれて、プーリーシステムのウェイト、またはゴムチューブによって、腕は軽く前に引っ張られますが、必ず体重は両方の足裏へ均等にかけたままにします。

3. 体を低くした姿勢で落ち着いたら、床を踏みしめて立位姿勢に戻ります。

4. 立位姿勢に戻りながら、肘から動かして、ハンドルを顎の方に引き寄せます。完全に真っ直ぐ立ったときには、手は顎の下にあって、肘は体の後ろに引っ張られているようにします。

5. ゆっくりと両腕をプーリーまたはチューブを固定したところに向かって伸ばし、スクワットの姿勢に戻ります。

6. これを7〜10回繰り返します。

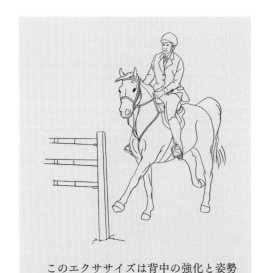

このエクササイズは背中の強化と姿勢の安定に重点的に取り組み、下半身と上半身の連携を良くします。

エクササイズ 57

体を低くして、スクワットの姿勢を取ります（手順2）

両腕を伸ばし、また体を下げはじめます（手順5）

ヒント

- 馬に乗っているときのように、真っ直ぐ前を見すえ、前にあるものに焦点を合わせます。
- 背中と肩を真っ直ぐ、そして水平に保ちます。このエクササイズのひとつ1つの動作に移る前に、姿勢を再確認しておきましょう。

エクササイズ58

Ex58 クアドループトトランクエクステンション

効果：バランス

必要な用具

- マット

手　順

1. 床に四つん這いになり、バランスよく安定した姿勢を取ります。
2. 片手を床から上げ、バランスを崩さずにぎりぎりまで、手を上げた方に上半身をひねります。
3. 手順2の姿勢を1秒保ってから、スタートのポジションに戻ります。
4. 反対側でも同じ動作を行います。
5. 両側で、これを7〜10回繰り返します。

このエクササイズは、よりシンプルなトランクエクステンション（p.154）に比べて、バランス面での難度が高くなっています。

ヒント

- 痛みを感じたら上半身のひねりを止めます。
- 頭と背骨を一直線上に保ちます。
- 上半身を使って動き、腕を振って動かさないようにします。

エクササイズ 58

スタートのポジション。四つん這いになります

腕を伸ばし、上半身をひねります

姿勢 163

エクササイズ 59

Ex59 バランスボールを使ったプローントランクエクステンション with ショルダーエクステンション

効果：安定性、バランス

必要な用具

- 長さ90 cmのゴムバンド（チューブではない）
- 大型のバランスボール

チャレンジしてみよう！

両足を近づけてやってみましょう。

手 順

1. ゴムバンドの片端を、バランスボールの下に置きます。
2. 上半身の中央にバランスボールを当てて、うつ伏せになります。両足は後ろに伸ばし、足を肩幅に開いて、つま先を床につけます。
3. ゴムバンドの端を片手でつかみ、もう一方の手はバランスボールの上に置きます。
4. 体が一直線になるよう背中を伸ばします。それからゴムバンドを自分の上方向に引っ張ります。腕を真っ直ぐ伸ばし、体の線と平行になるようにします。
5. スタートのポジションに戻り、これを7～10回繰り返します。同じ動作を反対側の手で行います。

ヒント

- 頭と体を一直線上に保ちます。
- バランスボールが動かないようにします。空いている方の手を使ってボールを安定させてかまいません。

このエクササイズは、上半身の安定、バランス、そして肩の安定を促進します。

エクササイズ 59

スタートのポジション

腕を伸ばして、ゴムバンドを上方向に引っ張ります

Ex60 バランスボールとフォームローラーを使ったセルフモビライゼーション

効果：上半身の強化、姿勢

必要な用具

- 大型のバランスボール
- 長さ90cmの円筒形フォームローラー

手　順

1. 床に仰向けになり、ふくらはぎをバランスボールにのせます。太ももはバランスボールにかけず、閉じてぎゅっと力を入れます。お尻は床につけておきます。
2. 肩甲骨のすぐ下にフォームローラーを差し入れます。
3. 両手を後頭部に当て、腰背部を床に押しつけるようにしながら、上半身を軽く前の方に起こします。
4. 頭が床につくまで後ろに傾けます。このとき、腰背部は持ち上がります。フォームローラーが背中の中央に食い込むのを感じるでしょう。
5. これを7〜10回繰り返します。

ヒント

- 上半身を前に丸めることと、腰背部を床に平らにつけておくことに意識を集中します。
- 頭は動かさず、定位置を保ちます。

このエクササイズは重要な安定性を促進し、背骨の上部の伸筋を鍛え、騎乗中に背中を真っ直ぐに保ちやすくします。

エクササイズ 60

スタートのポジション

トランクカール。上半身を丸めます

姿勢 167

第6章
上半身

　ライダーの上半身は、強さと安定の要です。そして上半身のコントロールと姿勢を改善するのは、肩の強さです。上半身が安定すると、柔らかく安定した拳を通して、馬と明確なコミュニケーションを取れるようになります。

　ポロの選手はマレットを振りかざして小さなボールを打ち、キツネ狩りの猟犬係は馬上から長い鞭を振るって、興奮した猟犬たちを制御します。このように馬上で作業を行いながら自分の姿勢とバランスを保ち、同時に馬もコントロールできるのは、強靭な筋肉があるからなのです。けれども、上半身が十分にコントロールできていないと、障害物のバーを落下させたり、体が張っている馬や調教の浅い新馬で怪我をしたり、競技会で一番肝心なときに大切な手前の変換ができなかったりすることが多くなります。

　上半身を鍛えることは、馬に乗っていないときにも役に立ちます。調馬索運動、ドライビング、馬の手入れや馬房掃除、障害物のコースの組み立てなど、上半身が強ければどれも楽にこなせるでしょう。

Ex61 ベンチプレス

効果：肩の強化

必要な用具

- ウェイトバーとベンチ、または ベンチプレス
- 小さなブロック（オプション）

手　順

1. ベンチに仰向けになり、両足は楽に床につけます。太ももは床と平行か、膝が少し高くなるようにします。膝の方が低くなる場合には、足の下に小さなブロックを置いて、正しい姿勢が取れるように調整します。
2. 肩幅ぐらいに腕を開いてウェイトバーを持ち、胸の方に下げます。両肘は、体から約30cm離れた楽なところにくるようにします。
3. 両腕が体の上で真っ直ぐになるまで、ウェイトバーを押し上げます。
4. 手順3の姿勢で1秒停止してから、慎重にウェイトバーを胸に戻します。
5. これを7～10回繰り返します。

ヒント

- スタートのポジションに戻る前に、必ず両肩をベンチに戻します。
- ウェイトバーを胸の方に下げるとき、重力に負けてウェイトバーが動かないよう、しっかり持ちます。
- ウェイトバーを押し上げるとき、自分の上に1カ所の点を決め、意識してそのターゲットに向かって動かすようにします。

このエクササイズは肩周りを鍛えるための標準的なエクササイズです。肩関節周囲にバランス良く負荷をかけられるので、肩の姿勢と働きが改善され、騎乗姿勢も良くなります。

エクササイズ61

腕を肩幅ぐらいに開き、ウェイトバーを持ちます

ウェイトバーを真っ直ぐ上に押し上げます

＊監訳注：ウェイトバーを押し上げる際、腰が反らないようにします。

上半身　171

エクササイズ62

Ex62 クローズグリップベンチプレス

効果：肩の小さな筋群の機能強化

必要な用具

- ベンチ
- ウェイトバー、またはダンベル
- 小さなブロック（オプション）

手　順

1. ベンチに仰向けになり、両足は楽に床につけます。太ももは床と平行か、膝が少し高くなるくらいの位置にします。膝の方が低くなるようなら、足の下に小さなブロックを置き、正しい姿勢が取れるように調整します。
2. 両方の腕を体の脇につけたまま、肩幅より狭いグリップでウェイトバーをつかみます。このとき、手首は肘の真上にくるようにします。
3. 両腕が体の上で真っ直ぐになるまで、ウェイトバーを押し上げます。
4. 手順3の姿勢で1秒停止してから、慎重にウェイトバーを胸に戻します。
5. これを7〜10回繰り返します。

このエクササイズは、特に肩関節周囲の小さな筋群に働きかけて、肩の機能を改善します。また腕は、騎乗中とほぼ同じ位置にあるので、騎乗しているときのコントロールも向上します。

ヒント

- スタートのポジションに戻る前に、必ず両肩をベンチに戻します。
- 肩から動きはじめることに集中し、肘はそれに続いて動くようにします。
- ウェイトバーを胸の方に下げるとき、重力に負けてウェイトバーが動かないようしっかり持ちます。
- ウェイトバーを押し上げるとき、自分の上に1カ所の点を決め、意識してそのターゲットに向かって動かします。

エクササイズ62

スタートのポジション。肩幅より狭いグリップでウェイトバーを持ちます

ウェイトバーを真っ直ぐ押し上げます

＊監訳注：ウェイトバーを押し上げる際、腰が反らないようにします。

Ex63 クローズグリップベンチプレス、フィートアップ

効果：肩の小さな筋群の機能強化

必要な用具

- ベンチ
- ウェイトバー、またはダンベル

手順

1. ベンチに仰向けになります。
2. 太ももが床と直角になるように両足を上げ、股関節90°、膝関節90°の姿勢を保ちます。
3. 両方の上腕を体の脇につけたまま、肩幅より狭いグリップでウェイトバーをつかみます。このとき、手首は肘の真上にきます。
4. 両腕が体の上で真っ直ぐになるまで、ウェイトバーを押し上げます。
5. 手順4の姿勢で1秒停止してから、慎重にウェイトバーを胸に戻します。
6. これを7〜10回繰り返します。

このエクササイズでは、特に肩関節周りの小さな筋群に働きかけ、肩の機能を向上させます。足を上げるため不安定な姿勢で行うことになり、結果としてボディコントロールが増し、より良い騎乗ができるようになります。

ヒント

- スタートのポジションに戻る前に、必ず両肩を下げます。
- 肩から動きはじめることに集中し、肘はそれに続いて動くようにします。
- ウェイトバーを胸の方に下げるとき、重力に負けてウェイトバーが動かないよう、しっかり持ちます。
- ウェイトバーを押し上げるとき、自分の上に1カ所の点を決め、意識してそのターゲットに向かって動かします。
- 左右への体重移動に気をつけ、上半身が動かないようにします。

エクササイズ63

両足を上げたスタートのポジション

ウェイトバーを真っ直ぐ押し上げます

上半身 175

エクササイズ64

Ex64 メディシンボールを使った腕立て伏せ

効果：上半身の強化、姿勢

必要な用具

- 直径20〜25cmのメディシンボール
- マット

手 順

1. 通常の腕立て伏せの姿勢を取ってから、メディシンボールの中心から少しはずれたところに、両手をのせます。胸骨の中心がボールの真上、肘は体の脇から少し離れたところにくるようにします。

2. メディシンボールを押さえつけて、体を押し上げます。両腕が真っ直ぐになるまで、押し続けます。このとき体を一直線にし、背中を反らせたり腰をへこませたりしないようにします。

3. 手順4の姿勢で1秒停止してから、スタートのポジションにゆっくり体を戻します。

4. これを7〜10回繰り返します。

ヒント

- 姿勢のコントロールを確立させるために、自分の体を厚い板だとイメージしましょう。
- メディシンボールが横にずれないよう、意識して両腕に均等に力をかけます。
- 通常の腕立て伏せが難しいと感じたら、膝をついてやってみましょう。

このエクササイズでは、上半身の強化と姿勢のコントロールに同時に取り組みます。それにより体が安定するので、馬に乗ったとき、コントロールしやすくなり、いっそう自信をもって乗れるようになるでしょう。

エクササイズ64

メディシンボールを押さえつけて、体を押し上げます

ゆっくりとスタートのポジションに戻ります

上半身 177

エクササイズ65

Ex65 ウォークオーバープッシュアップ

効果：肩の機能強化、姿勢

必要な用具

- マット

手　順

1. 通常の腕立て伏せの姿勢を取り、腕を伸ばします。
2. 左腕を持ち上げて右腕の前を通し交差させ、右手の外側の床に左手をつきます。
3. 左手を床につけたら、両手に均等に体重をかけながら、体を低くします。
4. 床を両手で押すように、体を押し上げます。体を床から離していくと同時に、体の右側へ右腕を振って持っていきます。こうすると腕の交差がなくなり、スタートのポジションに戻ります。
5. 手順1〜4を7〜10回繰り返したら、今度は反対の腕で同じことを繰り返します。

このエクササイズは、肩の動的な機能と、姿勢をコントロールする力を高めるのに役立ちます。

エクササイズ65

スタートのポジション

腕を交差させ体を低くします

ヒント

- 体を上下動させるとともに、床の上で横方向に移動させることを考えます。
- 姿勢のコントロールを確立するために、自分の体が厚い板であるとイメージしましょう。
- 頭は床を向き、ニュートラルな位置を保ちます。
- 通常の腕立て伏せの姿勢で行うのが難しいと感じたら、膝をついてやってみましょう。

上半身　179

エクササイズ66

Ex66 リバースグリッププルダウン

効果：肩、姿勢

必要な用具
- ラットプルマシンまたはゴムチューブまたはゴムバンドと、キャスターなしのスツール

ゴムチューブを使う場合のセットアップ
- 手順2のようにゴムチューブの両端が持てるようにゴムチューブの中央を固定します。ゴムチューブは、天井の柱などゴムチューブを引き下げても動かないものに固定します。
- 固定した場所の下にスツールを置き、プルダウンバーを持つような形で、チューブの両端を持ちます。

手　順
1. ラットプルマシンに向かって座ります。ゴムチューブを使う場合は、チューブを固定した場所の方を向いてスツールに座ります。上半身を真っ直ぐ起こします。
2. 手のひらを自分に向けてラットプルマシンのバーを握るか、ゴムチューブの両端を手で持ちます。肩、肘と手首が垂直に一直線上にくるようにします。
3. 肩の動きに意識を向けながら、バーまたはチューブを持つ手が顎のすぐ下にくるまで、真っ直ぐに引き下げます。
4. 手順3の姿勢で1秒停止してから、慎重にバーまたはチューブを最初の位置まで戻します。
5. これを7〜10回繰り返します。

このエクササイズは肩の機能を高める重要なエクササイズで、手綱のコントロールと姿勢を改善するのに役立ちます。腕立て伏せの運動を補い、肩周りのバランスの良い張りを培います。

エクササイズ 66

バーをつかみます（手順2）

顎の下まで、バーを引き下げます

ヒント

- お尻がベンチから浮かないようにします。
- バーを引き下げる前に、必ず肩を先に下げます。
- 馬に乗っているときのように、背中を真っ直ぐに起こしたままにします。

エクササイズ67

Ex67 ディップス

効果：上半身の強化

必要な用具

- パラレルバー

手　順

1. パラレルバーのなかに立ちます。
2. 良い姿勢を保ったまま、両手をバーの上に置きます。このとき、親指がバーの上にあり、前に向いているようにします。
3. 両手をバーの中心から約2.5cm、内側に回転させます。このため、親指はバーの中心線より内側に動きます。
4. 両腕を伸ばし、両足を床から離して、全体重を両腕で支えます。
5. 体をゆっくりと真っ直ぐに、無理のない範囲でできるだけ低く下げます。
6. バーを両手で強く押して、体をスタートのポジションに戻します。
7. これを7～10回繰り返します。

このエクササイズは肩の前と後ろの筋肉の間に効果的なバランスをつくり出すので、上半身をダイナミックに使える力が生まれます。

エクササイズ67

真っ直ぐに伸ばした両腕で、体重を支えます（手順4）

体を真っ直ぐに下げます（手順5）

ヒント

- 上半身を動かさず、体を真っ直ぐに保って、体が前後に揺れないようにします。
- アシステッドディッピングマシンを使ったり、サポート用に足元に小さなスツールを置いて足をのせたりして、エクササイズにバリエーションをつけることもできます。

上半身

エクササイズ68

Ex68 ストレートアームプルダウン

効果：肩の後ろ側の筋肉強化

必要な用具

- ハイプーリーのあるプーリーシステム、または約2 mの高さに固定したゴムチューブ

手　順

1. ハイプーリーの方を向き、約60 cm離れて立ちます。ゴムチューブを使う場合は、チューブを固定したところから60 cm離れて立ちます。足は肩幅に開き、両膝を軽く曲げます。
2. 少し体を前に傾け、プーリーのハンドルまたはチューブを片手に持ちます。このとき、腕は伸ばしておきます。肩から腕、プーリーまたはチューブの固定地点までが直線を描くようにします。
3. 体がバランスの取れた状態で、腕を真っ直ぐに伸ばしたまま、ハンドルまたはチューブを体の後ろまで、弧を描くようになめらかに引きます。
4. 肩に無理のない範囲で、できるだけ遠くまで引きます。
5. 手順4の姿勢で1秒停止してから、注意深くスタートのポジションに戻ります。
6. これを7～10回繰り返し、それからもう片方の腕で繰り返します。

このエクササイズは、姿勢を改善しボディコントロールを向上させるうえで欠かせない、肩の後ろ側の筋肉を鍛えます。

エクササイズ 68

スタートのポジション

ハンドルまたはチューブを、後ろへ下向きに引っ張ります

ヒント

- 体を動かさず、背中は真っ直ぐに保ちます。頭は背骨と一直線上にあるようにし、ニュートラルな位置に保ちます。

エクササイズ 69

Ex69 ハーフシートの姿勢で行うスタンディングローイング

効果：姿勢

必要な用具

- プーリーの高さが調節でき、ツインロープハンドルのついたプーリーシステム。プーリーを肩の高さにします。またはゴムチューブを使う場合は、両端を使えるように、チューブの中央を肩の高さで固定します。

手　順

1. プーリーシステムのプーリー、またはチューブの固定したところの方を向いて立ちます。足は肩幅より少し広く開きます。
2. ロープのハンドル、またはチューブの両端を持ち、ケーブルまたはチューブに張りを感じるまで後ろに下がります。両手を体の前に真っ直ぐ伸ばします。
3. ハーフシートの姿勢を取ります。このときケーブルまたはチューブがたるむようなら、さらに後ろに下がります。両腕は体の前で伸ばしておきます。
4. 背中を真っ直ぐに保ち、頭を上げたまま、肘から動かしてハンドルまたはチューブを自分の方に引きます。このとき、両手は体の脇にきます。
5. 手順4の姿勢で1秒停止し、ハーフシートの姿勢を保ったまま、ゆっくりとハンドルまたはチューブをスタートのポジションに戻します。
6. これを7～10回繰り返します。

　このエクササイズは、姿勢のコントロールと良い騎乗姿勢を確立するための非常に優れたエクササイズです。特に、馬上で前に引っ張られる力に抵抗する力を鍛えるのに、とても有効です。

エクササイズ69

ハーフシートの姿勢からスタートします

ハンドルを自分に引き寄せます

ヒント

- ハーフシートの姿勢でバランスを取り、体重は、両方の足裏に均等にかけます（監訳注：正確には足の親指の付け根〈拇趾球〉、小指の付け根〈小趾球〉、踵を結ぶラインでできる三角形に、体重を均等にかけることです）。
- 腕を動かす前に、必ず肩をスタートのポジションに戻します。

上半身 187

エクササイズ70

Ex70 シーテッドローイング、プローングリップ

効果：肩の強化

必要な用具

- ベンチ、またはスツール
- プーリーの高さが調節でき、ツインロープハンドルのついたプーリーシステム。プーリーを肩の高さにします。またはゴムチューブを使う場合は、両端を使えるように、チューブの中央を肩の高さで固定します。

チャレンジしてみよう！

ベンチまたはスツールの代わりにバランスボールを使うと、いっそう難度が増します。

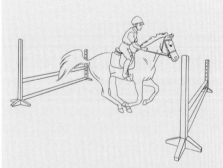

このエクササイズは肩の後ろに筋力をつけるので、手綱のコントロールがしやすくなります。座って行うため、上半身の位置と姿勢のコントロールに集中して取り組むことができ、その結果、鞍の上でより良いバランスを保てるようになります。

手順

1. プーリーシステムのプーリー、またはチューブを固定したところの方を向いて、ベンチまたはスツールに座ります。足は肩幅より少し広く開きます。
2. ロープのハンドルまたはチューブの両端を持ち、ケーブルまたはチューブに張りを感じる位置で、上半身を真っ直ぐにして座ります。両腕は真っ直ぐ前に伸ばします。
3. 背中を真っ直ぐに保ち、頭を上げたまま、肘から動かして、両手が体の脇にくるまでハンドルまたはチューブを自分の方に引きます。
4. 手順3の姿勢で1秒停止し、ゆっくりとハンドルまたはチューブをスタートのポジションに戻します。
5. これを7〜10回繰り返します。

ヒント

- バランスを保ち、良い姿勢を維持することに集中しましょう。
- 骨盤と背骨を真っ直ぐに保ち、頭を上げてキープします。
- スタートのポジションを取るときに、肩が前に出るかもしれません。腕を動かしはじめる前に、必ず肩を後ろに引きます。

エクササイズ 70

スタートのポジション。腕を伸ばします

肘から動かして、ハンドルを自分に引き寄せます

エクササイズ71

Ex71 ベントオーバーロー

効果：広背筋の強化

必要な用具

- 椅子、ベンチ、バランスボールのいずれか
- ダンベル

手　順

1. 椅子、ベンチ、またはバランスボールに片手と片膝をついて体を支え、上半身が床とほぼ平行になるまで、股関節から体を前に倒します。
2. 空いている方の手でダンベルを持ちます。
3. 背中を平らに、頭はニュートラルな位置に保ったまま、ダンベルを持った手を床の方に真っ直ぐ下ろします。肩が少し前に出るかもしれませんが、必ず上半身は水平にします。
4. 肩を後ろに引いた後、肘から動かしはじめて、ダンベルを体の高さまで真っ直ぐ引き上げます。このとき、肘は体から離さないようにします。
5. 手順4の姿勢で1秒停止してから、ゆっくりとダンベルをスタートのポジションに戻します。
6. これを7〜10回繰り返し、もう片方の手で繰り返します。

チャレンジしてみよう！

バランスボールを使うと、いっそう難度が増します。

このエクササイズは広背筋を鍛え、引く力を強化させるので手綱をコントロールする力が向上します。

エクササイズ71

スタートのポジション

肘から動かしはじめて、ダンベルを持ち上げます

ヒント

- 上半身を動かさないようにし、肩の動きに集中します。
- 肘は体から離さないようにします。
- 必ず頭を真っ直ぐにしておきます。頭を傾けると、首に不要な力がかかってしまいます。

バランスボールを使用した場合

上半身 191

エクササイズ72

Ex72 ベントオーバートランスバースロー (Bent-Over Transverse Row)

効果：肩の強化

必要な用具

- ダンベル
- バランスボール、椅子、ベンチ のいずれか

チャレンジしてみよう！

バランスボールを使うと、いっそう難度が増します。

このエクササイズは肩の小さな筋群の動きに注目して、肩の後ろを鍛えます。これは、肩関節周囲の筋肉のバランスと全般的な肩の機能の改善に欠かせないものです。

手　順

1. 肩幅に足を開いて立ち、上半身が床とほぼ平行になるまで、股関節から体を前に倒します。

2. 片手にダンベルを持ち、もう一方の手をバランスボールや椅子、ベンチなどについて体重を支えます。

3. 背中を平らに、背骨は真っ直ぐ、頭はニュートラルな位置に保ったまま、ダンベルを持った手を床の方に真っ直ぐ下ろします。

4. 肩を後ろに引いた後、ダンベルを体の高さまで真っ直ぐ引き上げます。この間、肘は体から離れるように動かします。

5. 手順4の姿勢で1秒停止してから、ゆっくりとダンベルをスタートのポジションに戻します。

6. これを7〜10回繰り返し、もう片方の手で繰り返します。

ヒント

- 上半身を動かさないようにして、肩の動きに集中します。
- 必ず頭をニュートラルな位置に保ちます。頭を傾けると、首に不要な力がかかってしまいます。
- このエクササイズをしている間、前腕は常に床に向いているようにします。

192　上半身

エクササイズ72

スタートのポジション

肩を後ろに引き、肘が体から離れるように動かしながら、ダンベルを引き上げます

上半身 193

エクササイズ73

Ex73 インクラインダンベルロー

効果：肩、姿勢

必要な用具

- ダンベル
- インクラインベンチ、またはバランスボール

手　順

1. インクラインベンチ、またはバランスボールの上で、床に対して約45°の角度で腹ばいになります。

2. 両手にダンベルを持ち、ベンチまたはバランスボールを使って、左右均等に体重をかけます。

3. 背中を平らに、頭はニュートラルな位置に保ったまま、ダンベルを持った手を床の方に真っ直ぐ下ろします。

4. 肩は少し前に出るかもしれませんが、必ず上半身が水平に、そして背骨が真っ直ぐであるようにします。

5. 肩を後ろに引いた後、肘から動かしはじめて、ダンベルを体の高さまで真っ直ぐ引き上げます。このとき、肘は体から離れるようにします。

6. 手順5の姿勢で1秒停止してから、ゆっくりとダンベルをスタートのポジションに戻します。

7. これを7〜10回繰り返します。

このエクササイズは、肩と姿勢を安定させるのに役立ちます。

チャレンジしてみよう！

　バランスボールを使うと、いっそう難度が増します。

エクササイズ 73

スタートのポジション

肘を外に向けながら、ダンベルを引き上げます

ヒント

- 上半身を動かさないようにして、肩の動きに集中します。
- 必ず頭をニュートラルな位置に保ちます。頭を傾けると、首に不要な力がかかってしまいます。
- このエクササイズをしている間、前腕は常に床に向くようにします。
- ダンベルは真っ直ぐ上下に動かします。背骨に対して垂直に動かしてはいけません。

バランスボールを使うと、いっそう難度が増します

上半身

エクササイズ74

Ex74 アップライトロウ

効果：姿勢、安定性

必要な用具

- ダンベル

手　順

1. 足を肩幅に開き、良い姿勢で立ちます。
2. 両手にダンベルを持ち、股関節の前でそろえます。
3. 体重を片足にかけ、もう一方の足は膝を曲げます。
4. 上半身を動かさないようにしながら、肘から動かしてダンベルを顎の方に真っ直ぐ引き上げます。肘は肩より上にあり、外側を向きます。
5. 手順4の姿勢で1秒停止してから、ゆっくりとダンベルをスタートのポジションに戻します。
6. これを7〜10回繰り返します。

このエクササイズは、効果的な姿勢を取れるようにし、肩の安定性も向上させます。

エクササイズ74

スタートのポジション

肘から動かしはじめて、ダンベルを顎に引き寄せます

ヒント

- 軸足の膝を軽く曲げて、姿勢のバランスが取れるようにします。

上半身 197

エクササイズチェックシート

　この6週間のルーティーンは、乗馬に特化したフィットネスプログラムで、ライダーのフィットネスとスキルの両方を向上させ、ライダーに恩恵をもたらします。そして能力に関わりなく、すべてのライダーに必要とされることに対応しています。

　このチェックシートは、エクササイズのセット数（sets）、リピート数（reps）、使ったウェイト（weight）などの記録の参考にしてください。

　本書では、1週間に3つのルーティーンを行うようにしています。自分のスケジュールに合わせて、ルーティーンの間に必ず1日か2日、休みを入れてください。しっかりと準備をし、エクササイズの日、エクササイズをしない日を決めます。

　最初はゆっくり行い、各エクササイズに集中し、体の反応を確かめます。このプログラムは、体のコンディショニングを整える期間、スキルを構築する期間、より難度の高いエクササイズの期間があります。ウォーミングアップとストレッチはこのプログラムのなかでも重要なので、どちらも十分な時間をかけて行いましょう。ウォーミングアップとストレッチをしっかりと行い、エクササイズを良い状態で行えるようにしておきます。休みの日は、元気良く歩く、または軽めの有酸素運動を行いましょう。

1週目

ルーティーン1　Date_____

エクササイズ	sets/reps			weight
12｜スクワット				
24｜ヒップアブダクション				
31｜馬体の幅に足を開いて行うシーテッドヒールレイズ				
66｜リバースグリップブルダウン				
62｜クローズグリップベンチプレス				
74｜アップライトロウ				
54｜トランクエクステンション				

ルーティーン2　Date_____

エクササイズ	sets/reps			weight
16｜馬体の幅に足を開いて行うレッグプレス				
28｜レッグエクステンション				
29｜シーテッドレッグカール				
61｜ベンチプレス				
73｜インクラインダンベルロー				
74｜アップライトロウ				
34｜インクラインボードリバースカール				

ルーティーン3　Date_____

エクササイズ	sets/reps			weight
17｜ステップアップ				
25｜ヒップアダクション				
69｜ハーフシートの姿勢で行うスタンディングローイング				
68｜ストレートアームブルダウン				
74｜アップライトロウ				

このルーティーンにウォーミングアップのスツールスクーツ（p.27）を加えると良いでしょう

2週目

ルーティーン4　Date_____

エクササイズ	sets/reps			weight
16｜馬体の幅に足を開いて行うレッグプレス				
24｜ヒップアブダクション				
31｜馬体の幅に足を開いて行うシーテッドヒールレイズ				
70｜シーテッドローイング、ブローンググリップ				
73｜インクラインダンベルロー				
74｜アップライトロウ				

このルーティーンにウォーミングアップのアブドミナルクランチ（p.27）を加えると良いでしょう

ルーティーン5　Date_____

エクササイズ	sets/reps			weight
12｜スクワット				
25｜ヒップアダクション				
29｜シーテッドレッグカール				
68｜ストレートアームブルダウン				
63｜クローズグリップベンチプレス、フィートアップ				
74｜アップライトロウ				
55｜トランクエクステンション with ローテーション				

ルーティーン6　Date_____

エクササイズ	sets/reps			weight
17｜ステップアップ				
28｜レッグエクステンション				
29｜シーテッドレッグカール				
66｜リバースグリップブルダウン				
61｜ベンチプレス				
74｜アップライトロウ				
34｜インクラインボードリバースカール				

3 週目

ルーティーン 7　Date_____

エクササイズ	sets/reps			weight
18 ｜ アンテリオラテラルステップアップ				
24 ｜ ヒップアブダクション				
27 ｜ ベントニーデッドリフト				
71 ｜ ベントオーバーロー				
2 ｜ 足を上げて行うインクラインダンベルプレス				
33 ｜ ハンギングニーレイズ				
41 ｜ ペルビッククロック				

ルーティーン 8　Date_____

エクササイズ	sets/reps			weight
13 ｜ 馬体の幅に足を開いて行うスクワット				
16 ｜ 馬体の幅に足を開いて行うレッグプレス				
31 ｜ 馬体の幅に足を開いて行うシーテッドヒールレイズ				
63 ｜ クローズグリップベンチプレス、フィートアップ				
48 ｜ バランスボールを使ったシーテッドローイング				
39 ｜ インクラインボード上で行うオルタネートレッグローワリング				
40 ｜ ダイナミックペルビックコントロール				

ルーティーン 9　Date_____

エクササイズ	sets/reps			weight
19 ｜ ラテラルステップアップ				
24 ｜ ヒップアブダクション				
27 ｜ ベントニーデッドリフト				
67 ｜ ディップス				
47 ｜ バランスボールに座って行うダンベルフロントレイズ				
43 ｜ シーテッドバランスボールバック＆フォース				
41 ｜ ペルビッククロック				

4 週目

ルーティーン 10　Date_____

エクササイズ	sets/reps			weight
13 ｜ 馬体の幅に足を開いて行うスクワット				
11 ｜ 片足でのケーブルプルスルー				
32 ｜ ハーフシートの姿勢で行うレイズ				
48 ｜ バランスボールを使ったシーテッドローイング				
46 ｜ バランスボールを使ったショルダーローテーション				
43 ｜ シーテッドバランスボールバック＆フォース				
60 ｜ バランスボールとフォームローラーを使ったセルフモビライゼーション				

ルーティーン 11　Date_____

エクササイズ	sets/reps			weight
19 ｜ ラテラルステップアップ				
10 ｜ スタンディングヒップエクステンション				
26 ｜ ストレートニーデッドリフト				
47 ｜ バランスボールに座って行うダンベルフロントレイズ				
72 ｜ ベントオーバートランスバースロー				
42 ｜ シーテッドバランスボールフラ				
45 ｜ バランスボールを使ったトランクエクステンション with ローテーション				

ルーティーン 12　Date_____

エクササイズ	sets/reps			weight
13 ｜ 馬体の幅に足を開いて行うスクワット				
22 ｜ フォワードレッグスウィング				
32 ｜ ハーフシートの姿勢で行うレイズ				
68 ｜ ストレートアームプルダウン				
47 ｜ バランスボールに座って行うダンベルフロントレイズ				
45 ｜ バランスボールを使ったトランクエクステンション with ローテーション				
42 ｜ シーテッドバランスボールフラ				

5 週目

ルーティーン 13　Date_____

エクササイズ	sets/reps			weight
7 ｜ 半円形フォームローラー上で、足を馬体の幅に開いて行うスクワット				
8 ｜ ユニラテラルスクワット				
30 ｜ 馬体の幅に足を開いて行うスタンディングヒールレイズ with アンギュレーション				
46 ｜ バランスボールを使ったショルダーローテーション				
50 ｜ メディシンボールを使ったロシアンツイスト				
54 ｜ トランクエクステンション				

ルーティーン 14　Date_____

エクササイズ	sets/reps			weight
14 ｜ 馬体の幅に足を開き、横への移動を伴うスクワット				
3 ｜ 半円形フォームローラー上で、ハーフシートの姿勢で行うケーブルロー				
56 ｜ メディシンボールスウィング				
58 ｜ クアドループトランクエクステンション				
37 ｜ バランスボール上で行うトランクカール with ローテーション				
1 ｜ レシプロカルダンベルプレス				

ルーティーン 15　Date_____

エクササイズ	sets/reps			weight
15 ｜ バランスボールを使い、上下動を加えたタイムドウォールスクワット				
20 ｜ ランジ				
30 ｜ 馬体の幅に足を開いて行うスタンディングヒールレイズ with アンギュレーション				
72 ｜ ベントオーバートランスバースロー				
38 ｜ バランスボール上で行うトランクカール with オルタネートニーレイズ				
51 ｜ サイドプランク				

6 週目

ルーティーン 16　Date_____

エクササイズ	sets/reps			weight
49 ｜ タイムドウォールスクワット with トランクローテーション				
23 ｜ スタンディングヒップエクステンション with エクスターナルローテーション				
64 ｜ メディシンボールを使った腕立て伏せ				
6 ｜ 片足で行うアップライトロウ				
52 ｜ バランスディスクを使ったサイドプランク				

ルーティーン 17　Date_____

エクササイズ	sets/reps			weight
14 ｜ 馬体の幅に足を開き、横への移動を伴うスクワット				
21 ｜ クロスオーバーランジ				
4 ｜ バランスボードを2個使い、ハーフシートの姿勢で行うケーブルロー				
56 ｜ メディシンボールスウィング				
59 ｜ バランスボールを使ったプローントランクエクステンション with ショルダーエクステンション				
36 ｜ カウンターローテーション				

ルーティーン 18　Date_____

エクササイズ	sets/reps			weight
57 ｜ コンボスクワット with ロートゥーハイプーリー				
9 ｜ サークルホップ				
5 ｜ バランスボードを使ったシングルレッグベントオーバーダンベルロー				
65 ｜ ウォークオーバープッシュアップ				
44 ｜ バランスボールスケール				
35 ｜ レシプロカルハンギングニーレイズ				

騎乗中のストレッチ

頭と首のストレッチ

効果：首と肩

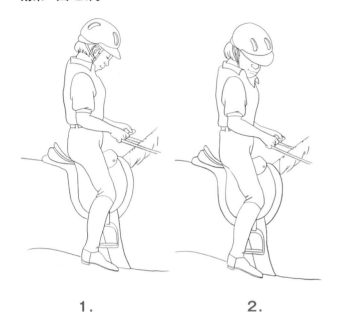

手　順

1. 胸に触れるように顎を下げ、肩は後ろへ動かしリラックスします。

2. ゆっくりと頭を右へ回します。

3. 続けて頭を後ろ、左へと1周回します。スタートのポジションに戻ります。次に頭を左から回していきます。

腰と腕のストレッチ

効果：背中、肩、腕

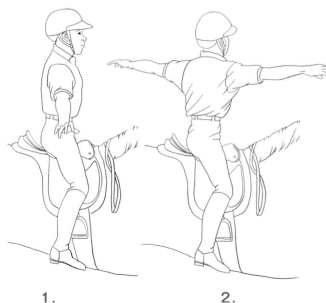

手　順

1. 両腕を肩の位置まで上げる。

2. ゆっくりと左へ上半身を回し、5秒静止する。

3. 同じように右へ上半身を回し、5秒静止する。

騎乗中のストレッチ

お尻と太もものストレッチ

効果：太ももの筋肉

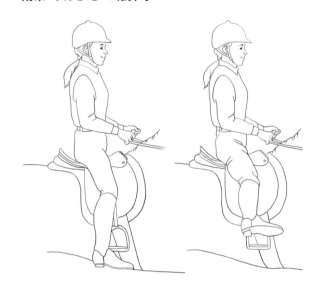

1.　　　　　2.

手　順

1. あぶみから片方の足を外す。
2. ゆっくりと足を外側へ動かし、馬体から足を離す。
3. ゆっくりと足を元の位置へ戻し、もう一方の足で同じことを行う。

足のストレッチ

効果：足の屈曲

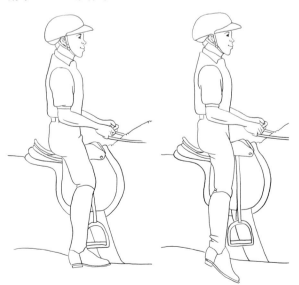

1.　　　　　2.

手　順

1. あぶみから片方の足を外す。
2. つま先を下げ、できる限り足を真っ直ぐに伸ばすようにする。そのまま10秒静止する。
3. もう一方の足で同じことを行う。

用語解説

● 下半身による姿勢の安定

股関節、膝、足首。しばしばショックアブソーバーにたとえられる。

● エネルギーの吸収

馬の動きの一部となる能力。それを実現するには、ライダーは股関節、腰と骨盤が強くて柔軟であることが必要（エネルギーの変換も参照）。

● エネルギーの変換

馬が生み出したエネルギーをライダーが使う方法（エネルギーの吸収も参照）。

● オープンスキル

予測が難しく、急激に変わるタスクに対応するためのスキル（クローズドスキルも参照）。

● 外転筋／内転筋

股関節と肩の、内に向かう動き（内転）と外に向かう動き（外転）をつかさどる筋肉。これらの筋肉は、柔軟性、強さ、コントロールがきわめて重要である腰部を安定させるうえで、特に重要。外転筋は足を体から遠ざけ、内転筋は足を体の方に近づける。2つの筋群がともに働くとき、ライダーの足は決まった位置に固定され、姿勢も安定する。

● 機能上の柔軟性

タスクの機能を実行するのに必要とされる柔軟性。

● クローズドスキル

とても予測のつきやすいスキル。スキルが必要とされる状況が変化しないので、予測のつくタスクの完成度を高めることが、トレーニングの主眼になる（オープンスキルも参照）。

● 骨盤による吸収

骨盤周り（股関節、骨盤、腰部）が、速歩や駈歩にみられるようなショックを吸収する能力。

● 視覚化

スポーツ心理学の有益なテクニック。ライダーは実際にエクササイズを行う前に、エクササイズのあらゆる場面を頭のなかでイメージする。競技の準備の際に、きわめて役に立つテクニック。

● 重心

体のバランスに対する重要な着眼点。重心は人それぞれ、体の大きさと体型によって異なる。騎乗中、ライダーと馬の重心は一致するべきである。馬の歩法やスピードの変化に伴って馬の重心も変わるので、ライダーの上半身の姿勢も変わる必要がある。適切に訓練された馬場馬術競技馬はどの歩法においても重心がとても高い位置にあるが、競走馬はそれよりも前方に重心がある。

● 襲歩の姿勢（ハーフシート、またはツーポイントの姿勢）

ライダーが鞍から腰を浮かせて、全体重を両足に均等にかけて乗る姿勢。ハーフシートの姿勢は、ライダーの足の位置を安定させるためのトレーニングに使われるが、競技中に馬の背中をライダーの重さから完全に自由にするときにも使われる（ツーポイントの姿勢も参照）。

● 焦点を合わせる

実行中のタスクに冷静に集中すること。焦点を合わせることで、騎乗中の馬とのコミュニケーションの精度を増すことにつながる。マルチタスキングのエクササイズを練習すると、焦点を合わせる能力を身につけられる。

● スクワットの姿勢

腰背部をカーブさせず、膝を曲げ、足を床につけた立位姿勢。

● 体幹の安定性

馬がどのような行動を取っても、ライダーが馬上でバランスと姿勢を維持する能力。

● 対称性

左右均等で、ゆがみのない姿勢。体の両側で、バランスの取れた活動が行われていること。例えば、ウォーキングは体の両側を均等に使うエクササイズである（非対称性も参照）。

● ツーポイントの姿勢

障害飛越で最も使われる基本姿勢。ライダーの体重は、股関節、膝、足首を通じて足にかかる。この間、ライダーは前傾し、鞍と軽く接するコンタクトを維持する。

● 手前

馬の内方の肩が外方の肩よりわずかに前に出ているとき、馬は正しい手前にある。馬が正しい手前のときは、ライダーの外方の腰がわずかに内方を向くので、優れたライダーは、馬を見なくても、自分の腰の動きによって手前を判断できる。

● 踏歩変換

駈歩または襲歩の馬が、四肢全部が宙に浮いているときに、手前を変えること（手前も参照）。

● 動的（ダイナミック）な姿勢

良い騎乗姿勢の特徴となるものの1つ。ライダーと馬は絶えず動いているため、ライダーの姿勢も頻繁に変わる必要がある。鞍の上で動的でいられるかどうかは、身体的なフィットネスレベルに大きく左右される。

● 非対称性

体の両側で行われる不均衡な、あるいは異なった運動を指す。体の片側だけを使って出す扶助はその一例（対称性も参照）。

● フルシート

ライダーが、ほぼ直立している脊柱を通して、体重を鞍にかけて騎乗する姿勢。フルシートの例として、馬場馬術の騎座が挙げられる。

● マルチタスキング

情報を処理すると同時に、それに対応すること。騎乗中は足、腕、肩、背中、騎座、それに頭が、通常それぞれ異なった動きをしている。

● 有酸素系（心肺機能）のフィットネス

心臓と肺のフィットネス。スキルのレベルに関わらず、すべてのライダーにとって重要だが、トレーニング、競技、高速での騎乗やジャンプなどを行う場合には、特に重要になる。

● 腰部

ここはショックアブソーバーの役割を果たすが、特に速歩と駈歩のときに顕著に働く。

● 補足

● 国際馬術連盟（FEI：Fédération Équestre Internationale）

馬術競技をつかさどる国際的な団体。

● 先飛び随伴

ライダーが馬の重心より前に自らのバランスをもっていくこと。障害飛越で馬の踏切前に起こることが多い（随伴の遅れも参照）。

● 随伴の遅れ

ライダーが馬の動きに遅れていること（先飛び随伴も参照）。

● ダッキング

障害飛越のときに、ライダーが馬の頚に向かって、上半身を大きく前にのめらせること。筋力と身体能力を高め、足が安定するようになれば、この状態は避けられるようになる。

● 反対駈歩（反対の手前で行う駈歩）

馬のトレーニング用エクササイズの1つ。本来の方向とは反対方向に進む駈歩で、馬は外方の手前の足とそれに伴う馬体の屈曲を維持しつつ、なめらかで緩いカーブの回転を行いながら進む。反対駈歩は、ライダーの扶助がなくてはならない、非対称かつマルチタスキングの運動の良い例。

● リズム

馬の歩法のテンポ。リズムが維持できているとき、馬は動きのペースを変えず、安定したテンポで前進気勢をもって動いている。馬が良いリズムを達成、維持、または取り戻す能力に対して、ライダーは直接的な影響をもっている。

参考図書

● フィットネスに関する書籍

Barron's Atlas of Anatomy. New York: Barron's Educational Series, Inc. 1995.

Benedik, Linda, and Veronica Wirth. Yoga for Equestrians. North Pomfret, VT: Trafalgar Square, 2000.

Bromily, Mary. Fit to Ride. Oxford, UK and Malden, MA: Blackwell Science, 2000.

Holderness-Roddam, Jane. Fitness for Horse and Rider: Gain More from Your Riding by Improving Your Horse's Fitness and Condition — and Your Own. Devon, UK: David & Charles, 1997.

Holmes, Tom. The New Total Rider: Health and Fitness for Equestrians. Boonesboro, MD: Half Halt Press, 2001.

Midkiff, Mary. Fitness, Performance, and the Female Equestrian. Hoboken, NJ: Howell Book House, 1996.

Pilliner, Sarah, and Zoe Davies. Getting Horses Fit: A Guide to Improved Performance, third edition. Oxford, UK, and Malden, MA: Blackwell Science, 2000.

Steiner, Betsy, and Jennifer O. Bryant. Gymnastic Dressage Training Using Mind, Body, and Spirit. Buckingham, UK: Kenilworth Press, 2003.

von Dietze, Susanne. Balance in Movement: The Seat of the Rider. North Pomfret, VT: Trafalgar Square, 1999.

● 乗馬に関する書籍

Allen, Linda L., and Dianna Dennis. 101 Jumping Exercises for Horses and Riders. North Adams, MA: Storey Publishing, 2003.

Bayley, Lesley, and Caroline Davis. The Less-Than-Perfect Rider: Overcoming Common Riding Problems. Hoboken, NJ: Howell Book House, 1994.

Campion, Lynn. Training and Showing the Cutting Horse. Guilford, CT: The Lyons Press, 2000.

Delmar, Diana. Taking Up Riding as an Adult. North Adams, MA: Storey Publishing, 1998.

d'Endrody, Lt. Col. A. L. Give Your Horse a Chance. London: J. A. Allen, 1989 (rev. 1999).

deNemethy, Bertlan. The deNemethy Method. New York: Doubleday, 1988 (rev. 1999).

Dunning, Al. Reining. Guilford, CT: The
Lyons Press, 2002.

Harris, Susan E. The United States Pony Club
Manuals of Horsemanship. Hoboken, NJ:
Howell Book House, 1994–1996.

Hill, Cherry. Becoming an Effective Rider:
Develop Your Mind and Body for Balance and
Unity. North Adams, MA: Storey Publishing,
1991.

Jackson, Noel. Effective Horsemanship. New York:
Arco Publishing, 1967.

Kursinski, Anne. Anne Kursinski's Riding and
Jumping Clinic. New York: Doubleday and Co.,
1995.

Littauer, Vladimer S. The Forward Seat. Lanham,
MD: Derrydale Press, 1937.

Morris, George. Hunter Seat Equitation. New York:
Doubleday and Co., 1979.

O'Connell, Alice L. The Blue Mare in the Olympic
Trials. Boston: G. P. Putnam and Sons, 1956.
Pamela and the Blue Mare. Boston: G. P. Putnam
and Sons, 1952.

Paalman, Anthony. Training Showjumpers.
London: J. A. Allen, 1998.

Richter, Judy. Horse and Rider. New York:
Doubleday and Co., 1984.

Shrake, Richard. Western Horsemanship: The
Complete Guide to Riding the Western Horse.
Guilford, CT: The Lyons Press, 2002.

Steinkraus, William. Riding and Jumping. New
York: Doubleday and Co., 1969.

Strickland, Charlene. The Basics of Western
Riding. North Adams, MA: Storey Publishing,
1998.

Wofford, James. Training the Three-Day Event
Horse and Rider. New York: Doubleday
Equestrian Library, 1995.

Wright, Gordon. Learning to Ride, Show and Hunt.
New York: Doubleday, 1966.

効果別 INDEX

足／足首

St ローワーレッグストレッチ ……………………………… 20

Ex5 バランスボードを使ったシングルレッグベントオー
バーダンベルロー ……………………………… 50-51

Ex7 半円形フォームローラー上で、足を馬体の幅に開いて
行うスクワット ……………………………… 54-55

Ex8 ユニラテラルスクワット ……………………………… 56-57

Ex12 スクワット ……………………………… 66-67

Ex15 バランスボールを使い、上下動を加えたタイムド
ウォールスクワット ……………………………… 72-73

Ex16 馬体の幅に足を開いて行うレッグプレス ……… 74-75

Ex17 ステップアップ ……………………………… 76-77

Ex18 アンテリオラテラルステップアップ ………… 78-79

Ex19 ラテラルステップアップ ……………………… 80-81

Ex22 フォワードレッグスウィング ………………… 86-87

Ex30 馬体の幅に足を開いて行うスタンディングヒールレイ
ズ with アンギュレーション ……………… 102-103

Ex31 馬体の幅に足を開いて行うシーテッドヒールレイズ
……………………………… 104-105

Ex32 ハーフシートの姿勢で行うレイズ………… 106-107

安定性

Wa アブドミナルクランチ ……………………………… 27

Ex3 半円形フォームローラー上で、ハーフシートの姿勢で
行うケーブルロー ……………………………… 46-47

Ex4 バランスボードを2個使い、ハーフシートの姿勢で行
うケーブルロー ……………………………… 48-49

Ex7 半円形フォームローラー上で、足を馬体の幅に開いて
行うスクワット ……………………………… 54-55

Ex8 ユニラテラルスクワット ……………………………… 56-57

Ex9 サークルホップ ……………………………… 58-59

Ex10 スタンディングヒップエクステンション ……… 60-61

Ex12 スクワット ……………………………… 66-67

Ex14 馬体の幅に足を開き、横への移動を伴うスクワット
……………………………… 70-71

Ex17 ステップアップ ……………………………… 76-77

Ex18 アンテリオラテラルステップアップ ………… 78-79

Ex19 ラテラルステップアップ ……………………… 80-81

Ex21 クロスオーバーランジ ……………………… 84-85

Ex22 フォワードレッグスウィング ………………… 86-87

EX23 スタンディングヒップエクステンション with エクス
ターナルローテーション ……………… 88-89

Ex24 ヒップアブダクション ……………………… 90-91

Ex25 ヒップアダクション ……………………… 92-93

Ex34 インクラインボードリバースカール ………… 112-113

Ex36 カウンターローテーション ……………… 116-117

Ex40 ダイナミックペルビックコントロール ……… 124-125

Ex42 シーテッドバランスボールフラ ………… 128-129

Ex44 バランスボールスケール ……………… 132-133

Ex46 バランスボールを使ったショルダーローテーション
……………………………… 138-139

Ex47 バランスボールに座って行うダンベルフロントレイズ
……………………………… 140-141

Ex50 メディシンボールを使ったロシアンツイスト
……………………………… 146-147

Ex53 半円形フォームローラーに乗ったサイドベント
……………………………… 152-153

Ex55 トランクエクステンション with ローテーション
……………………………… 156-157

Ex56 メディシンボールスウィング ………………… 158-159

Ex59 バランスボールを使ったプローントランクエクステン
ション with ショルダーエクステンション ……… 164-165

Ex73 インクラインダンベルロー ……………… 194-195

Ex74 アップライトロウ ……………………… 196-197

腕

St ポスチャーストレッチ ……………………………… 30

St ネック＆ショルダーストレッチ ……………………… 31

Wa ゴムチューブの抵抗を使ったエクスターナルローテー
ション ……………………………… 33

Wa ゴムチューブの抵抗を使ったインターナルローテーショ
ン ……………………………… 34

Wa ゴムチューブの抵抗を使ったエクステンション
……………………………… 36-37

Wa ゴムチューブの抵抗を使ったフレクション ……… 38-39

Ex2 足を上げて行うインクラインダンベルプレス ……44-45

肩

St ポスチャーストレッチ ……………………… 30

St ネック＆ショルダーストレッチ …………… 31

Wa ローワートラペジウス ……………………… 35

Ex5 バランスボードを使ったシングルレッグベントオー
バーダンベルロー ……………………… 50-51

Ex6 片足で行うアップライトロウ ……………… 52-53

Ex46 バランスボールを使ったショルダーローテーション
……………………………… 138-139

Ex48 バランスボールを使ったシーテッドローイング
……………………………… 142-143

Ex59 バランスボールを使ったプローントランクエクステン
ション with ショルダーエクステンション …… 164-165

Ex61 ベンチプレス ……………………… 170-171

Ex62 クローズグリップベンチプレス …………… 172-173

Ex63 クローズグリップベンチプレス、フィートアップ
……………………………… 174-175

Ex65 ウォークオーバープッシュアップ …… 178-179

Ex66 リバースグリッププルダウン ……………… 180-181

Ex67 ディップス ……………………… 182-183

Ex68 ストレートアームプルダウン …………… 184-185

Ex70 シーテッドローイング、プローングリップ …… 188-189

Ex71 ベントオーバーロー ……………… 190-191

Ex72 ベントオーバートランスバースロー …… 192-193

Ex73 インクラインダンベルロー …………… 194-195

下半身

Ex7 半円形フォームローラー上で、足を馬体の幅に開いて
行うスクワット ……………………… 54-55

Ex12 スクワット ……………………… 66-67

Ex13 馬体の幅に足を開いて行うスクワット ………… 68-69

Ex14 馬体の幅に足を開き、横への移動を伴うスクワット
……………………………… 70-71

Ex15 バランスボールを使い、上下動を加えたタイムド
ウォールスクワット ……………… 72-73

Ex16 馬体の幅に足を開いて行うレッグプレス ……… 74-75

Ex17 ステップアップ ……………………… 76-77

Ex18 アンテリオラテラルステップアップ …………… 78-79

Ex19 ラテラルステップアップ ……………… 80-81

Ex20 ランジ ……………………………… 82-83

Ex21 クロスオーバーランジ ……………… 84-85

Ex22 フォーワードレッグスウィング …………… 86-87

Ex23 スタンディングヒップエクステンション with エクス
ターナルローテーション ……………… 88-89

Ex24 ヒップアブダクション ……………… 90-91

Ex25 ヒップアダクション ……………… 92-93

Ex26 ストレートニーデッドリフト ………… 94-95

Ex27 ベントニーデッドリフト …………… 96-97

Ex28 レッグエクステンション …………… 98-99

Ex29 シーテッドレッグカール …………… 100-101

Ex30 馬体の幅に足を開いて行うスタンディングヒールレイ
ズ with アンギュレーション ………… 102-103

Ex31 馬体の幅に足を開いて行うシーテッドヒールレイズ
……………………………… 104-105

Ex32 ハーフシートの姿勢で行うレイズ ……… 106-107

Ex57 コンボスクワット with ロートゥーハイプーリー
……………………………… 160-161

機能強化

Ex62 クローズグリップベンチプレス …………… 172-173

Ex63 クローズグリップベンチプレス、フィートアップ
……………………………… 174-175

Ex65 ウォークオーバープッシュアップ ………… 178-179

筋肉のコントロール

Ex11 片足でのケーブルプルスルー …………………… 62-63

首

St ネック＆ショルダーストレッチ ……………………… 31

コーディネーション（協調性）

Ex23 スタンディングヒップエクステンション with エクス
ターナルローテーション ……………… 88-89

Ex46 バランスボールを使ったショルダーローテーション
……………………………… 138-139

Ex57 コンボスクワット with ロートゥーハイプーリー
……………………………… 160-161

股関節

St ヒップ＆バトックストレッチⅠ ……………………… 24-25

St ヒップ＆バトックストレッチⅡ ……………………… 26

Wa ヒップエクステンション・プローン ………………… 28

Ex10 スタンディングヒップエクステンション ……… 60-61

Ex11 片足でのケーブルプルスルー …………………… 62-63

Ex23 スタンディングヒップエクステンション with エクス
ターナルローテーション ……………………… 88-89

Ex24 ヒップアブダクション ……………………………… 90-91

Ex25 ヒップアダクション ………………………………… 92-93

Ex26 ストレートニーデッドリフト …………………… 94-95

Ex27 ベントニーデッドリフト ………………………… 96-97

Ex39 インクラインボード上で行うオルタネートレッグロー
ワリング ……………………………………… 122-123

腰背部

St ローワーバックストレッチ ………………………………… 29

Ex45 バランスボールを使ったトランクエクステンション
with ローテーション …………………………… 134-135

骨盤／骨盤の傾斜

Wa アブドミナルクランチ ……………………………………… 27

Ex33 ハンギングニーレイズ …………………………… 110-111

Ex34 インクラインボードリバースカール ………… 112-113

Ex35 レシプロカルハンギングニーレイズ ………… 114-115

Ex36 カウンターローテーション …………………… 116-117

Ex37 バランスボール上で行うトランクカール with ロー
テーション …………………………………… 118-119

Ex38 バランスボール上で行うトランクカール with オルタ
ネートニーレイズ …………………………… 120-121

Ex39 インクラインボード上で行うオルタネートレッグロー
ワリング ……………………………………… 122-123

Ex40 ダイナミックペルビックコントロール ……… 124-125

Ex41 ペルビッククロック …………………………… 126-127

Ex42 シーテッドバランスボールフラ ……………… 128-129

Ex43 シーテッドバランスボールバック＆フォース
……………………………………………… 130-131

Ex44 バランスボールスケール ……………………… 132-133

Ex45 バランスボールを使ったトランクエクステンション
with ローテーション …………………………… 134-135

コントロール

Ex1 レシプロカルダンベルプレス …………………… 42-43

Ex9 サークルホップ ……………………………………… 58-59

Ex11 片足でのケーブルプルスルー …………………… 62-63

Ex13 馬体の幅に足を開いて行うスクワット ………… 68-69

Ex31 馬体の幅に足を開いて行うシーテッドヒールレイズ
……………………………………………… 104-105

Ex32 ハーフシートの姿勢で行うレイズ …………… 106-107

Ex35 レシプロカルハンギングニーレイズ ………… 114-115

Ex38 バランスボール上で行うトランクカール with オルタ
ネートニーレイズ …………………………… 120-121

Ex41 ペルビッククロック …………………………… 126-127

Ex48 バランスボールを使ったシーテッドローイング
……………………………………………… 142-143

Ex50 メディシンボールを使ったロシアンツイスト
……………………………………………… 146-147

Ex56 メディシンボールスウィング ………………… 158-159

Ex62 クローズグリップベンチプレス ……………… 172-173

Ex63 クローズグリップベンチプレス、フィートアップ
……………………………………………… 174-175

Ex64 メディシンボールを使った腕立て伏せ ……… 176-177

Ex68 ストレートアームプルダウン ………………… 184-185

Ex70 シーテッドローイング、プローングリップ ……… 188-189

持久力

Ex15 バランスボールを使い、上下動を加えたタイムド
ウォールスクワット ……………………………… 72-73

Ex49 タイムドウォールスクワット with トランクローテー
ション ………………………………………… 144-145

姿勢

Wa スツールスクーツ …………………………………………… 27

St ポスチャーストレッチ ……………………………………… 30

Ex6 片足で行うアップライトロウ …………………… 52-53

Ex14 馬体の幅に足を開き、横への移動を伴うスクワット
………………………………………………… 70-71

効果別 INDEX　209

Ex15 バランスボールを使い、上下動を加えたタイムド
ウォールスクワット ……………………………72-73

Ex17 ステップアップ ………………………………76-77

Ex32 ハーフシートの姿勢で行うレイズ ……………106-107

Ex38 バランスボール上で行うトランクカール with オルタ
ネートニーレイズ ……………………………120-121

Ex45 バランスボールを使ったトランクエクステンション
with ローテーション ………………………134-135

Ex46 バランスボールを使ったショルダーローテーション
…………………………………………………138-139

Ex47 バランスボールに座って行うダンベルフロントレイズ
…………………………………………………140-141

Ex48 バランスボールを使ったシーテッドローイング
…………………………………………………142-143

Ex49 タイムドウォールスクワット with トランクローテー
ション ………………………………………144-145

Ex50 メディシンボールを使ったロシアンツイスト
…………………………………………………146-147

Ex51 サイドプランク ……………………………148-149

Ex52 バランスディスクを使ったサイドプランク ……150-151

Ex53 半円形フォームローラーに乗ったサイドベント
…………………………………………………152-153

Ex54 トランクエクステンション …………………154-155

Ex55 トランクエクステンション with ローテーション
…………………………………………………156-157

Ex56 メディシンボールスウィング ………………158-159

Ex57 コンボスクワット with ロートゥーハイプーリー
…………………………………………………160-161

Ex58 クアドループトトランクエクステンション ……162-163

Ex59 バランスボールを使ったプローントランクエクステン
ション with ショルダーエクステンション ……164-165

Ex60 バランスボールとフォームローラーを使ったセルフモ
ビライゼーション ……………………………166-167

Ex61 ベンチプレス ………………………………170-171

Ex64 メディシンボールを使った腕立て伏せ ………176-177

Ex65 ウォークオーバープッシュアップ …………178-179

Ex66 リバースグリッププルダウン ………………180-181

Ex68 ストレートアームプルダウン ………………184-185

Ex69 ハーフシートの姿勢で行うスタンディングローイング
…………………………………………………186-187

Ex70 シーテッドローイング、プローングリップ ……188-189

Ex73 インクラインダンベルロー …………………194-195

Ex74 アップライトロウ …………………………196-197

柔軟性

Ex30 馬体の幅に足を開いて行うスタンディングヒールレイ
ズ with アンギュレーション ………………102-103

Ex31 馬体の幅に足を開いて行うシーテッドヒールレイズ
…………………………………………………104-105

上半身

Ex34 インクラインボードリバースカール …………112-113

Ex44 バランスボールスケール ……………………132-133

Ex48 バランスボールを使ったシーテッドローイング
…………………………………………………142-143

Ex50 メディシンボールを使ったロシアンツイスト
…………………………………………………146-147

Ex54 トランクエクステンション …………………154-155

Ex55 トランクエクステンション with ローテーション
…………………………………………………156-157

Ex56 メディシンボールスウィング ………………158-159

Ex57 コンボスクワット with ロートゥーハイプーリー
…………………………………………………160-161

Ex61 ベンチプレス ………………………………170-171

Ex62 クローズグリップベンチプレス ……………172-173

Ex63 クローズグリップベンチプレス、フィートアップ
…………………………………………………174-175

Ex64 メディシンボールを使った腕立て伏せ ………176-177

Ex65 ウォークオーバープッシュアップ …………178-179

Ex66 リバースグリッププルダウン ………………180-181

Ex67 ディップス …………………………………182-183

Ex68 ストレートアームプルダウン ………………184-185

Ex69 ハーフシートの姿勢で行うスタンディングローイング
…………………………………………………186-187

Ex70 シーテッドローイング、プローングリップ ……188-189

Ex71 ベントオーバーロー …………………………190-191

Ex72 ベントオーバートランスバースロー …………192-193

Ex73 インクラインダンベルロー …………………194-195

Ex74 アップライトロウ …………………………196-197

伸筋／伸展動作の強化

Ex26 ストレートニーデッドリフト ·······················94-95

Ex27 ベントニーデッドリフト ···························96-97

Ex39 インクラインボード上で行うオルタネートレッグロー
ワリング ···122-123

Ex45 バランスボールを使ったトランクエクステンション
with ローテーション ·······························134-135

Ex54 トランクエクステンション ·····················154-155

僧帽筋

Wa ローワートラペジウス ·······························35

体幹の安定性

Ex53 半円形フォームローラーに乗ったサイドベント
···152-153

Ex59 バランスボールを使ったプローントランクエクステン
ション with ショルダーエクステンション ····· 164-165

体幹のコントロール

Ex1 レシプロカルダンベルプレス ·····················42-43

大腿四頭筋

St スタンディングクワドストレッチ ···················21

力の吸収

Ex20 ランジ ···82-83

Ex21 クロスオーバーランジ ·····························84-85

Ex38 バランスボール上で行うトランクカール with オルタ
ネートニーレイズ ·····································120-121

手綱のコントロール

Ex48 バランスボールを使ったシーテッドローイング ···· 142-143

Ex66 リバースグリッププルダウン ···················180-181

Ex70 シーテッドローイング、プローングリップ ·········188-189

Ex71 ベントオーバーロー ·······························190-191

抵抗の利用

Wa ゴムチューブの抵抗を使ったエクスターナルローテー
ション ···33

Wa ゴムチューブの抵抗を使ったインターナルローテーショ
ン ··34

臀部（お尻）／臀筋群

St ヒップ＆バトックストレッチⅠ ·····················24-25

St ヒップ＆バトックストレッチⅡ ·····················26

Wa ヒップエクステンション・プローン ···················28

Ex19 ラテラルステップアップ ·····························80-81

Ex27 ベントニーデッドリフト ···························96-97

体幹の回旋筋の強化

Ex37 バランスボール上で行うトランクカール with ロー
テーション ·······································118-119

ハムストリング

St スタンディングクワドストレッチ ···················21

St ハムストリングストレッチⅠ ·····················22

St ハムストリングストレッチⅡ ·····················23

Ex26 ストレートニーデッドリフト ·······················94-95

Ex29 シーテッドレッグカール ·····················100-101

バランス

Ex1 レシプロカルダンベルプレス ·····················42-43

Ex2 足を上げて行うインクラインダンベルプレス ······44-45

Ex3 半円形フォームローラー上で、ハーフシートの姿勢で
行うケーブルロー ·····································46-47

Ex4 バランスボードを2個使い、ハーフシートの姿勢で行
うケーブルロー ·····································48-49

Ex5 バランスボードを使ったシングルレッグベントオー
バーダンベルロー ·····································50-51

Ex6 片足で行うアップライトロウ ·····················52-53

Ex7 半円形フォームローラー上で、足を馬体の幅に開いて
行うスクワット ·····································54-55

Ex8 ユニラテラルスクワット ·····························56-57

Ex9 サークルホップ ·····································58-59

Ex10 スタンディングヒップエクステンション ·········60-61

Ex11 片足でのケーブルプルスルー ·····················62-63

Ex12 スクワット ·····································66-67

Ex17 ステップアップ ·····································76-77

Ex32 ハーフシートの姿勢で行うレイズ ···············106-107

Ex36 カウンターローテーション ·················· 116-117

Ex38 バランスボール上で行うトランクカール with オルタ
ネートニーレイズ ························· 120-121

Ex48 バランスボールを使ったシーテッドローイング
···································· 142-143

Ex52 バランスディスクを使ったサイドプランク ····· 150-151

Ex58 クアドループトトランクエクステンション ····· 162-163

Ex59 バランスボールを使ったプローントランクエクステン
ション with ショルダーエクステンション ····· 164-165

Ex70 シーテッドローイング、プローングリップ ····· 188-189

膝

St ハムストリングストレッチⅠ ····················· 22

St ハムストリングストレッチⅡ ····················· 23

Wa スツールスクーツ ···························· 27

Ex28 レッグエクステンション ···················· 98-99

Ex29 シーテッドレッグカール ···················· 100-101

腹筋

Wa アブドミナルクランチ ························· 27

Ex34 インクラインボードリバースカール ··········· 112-113

Ex35 レシプロカルハンギングニーレイズ ··········· 114-115

Ex37 バランスボール上で行うトランクカール with ロー
テーション ······························· 118-119

Ex44 バランスボールスケール ···················· 132-133

横方向への安定性

Ex21 クロスオーバーランジ ························ 84-85

Ex24 ヒップアブダクション ························ 90-91

Ex25 ヒップアダクション ························· 92-93

Ex42 シーテッドバランスボールフラ ················ 128-129

ローテーション

Wa ゴムチューブの抵抗を使ったエクスターナルローテー
ション ···································· 33

Wa ゴムチューブの抵抗を使ったインターナルローテーショ
ン ······································· 34

著者プロフィール　　　謝辞

Dianna Robin Dennis

乗馬愛好家。ライターで、「Chronicle of the Horse」、「Equestarian Magazine」、「Horse Illustrated」、「Horse People」などの乗馬専門誌にしばしば寄稿している。「101 Jumping Exercises for Horse and Rider」の共著者でもある。

John J. McCully

フィットネスの公認プロトレーナー、およびパーソナルトレーナー。テレビの全米放送や地方放送に多く出演し、セミナーなどの講演活動も全米各地で行っている。これまでに、「Fitness Magazine」、「Men's Journal」、「Practical Horseman」といった雑誌や新聞に記事が掲載されてきた。それぞれのライダーに個人仕様のフィットネスプログラムを提供する乗馬専門フィットネス会社、Riding High Fitness の共同創立者。

Paul M. Juris

全米に知られている運動生理学者。その運動をベースにしたリハビリとパフォーマンス向上のプログラムは、NBA のニューヨークニックス、アトランタホークス、ダラスマーベリックスをはじめとするチームで採用されている。the Equinox Fitness Clubs の Equinox Fitness Training Institute の代表者でもあり、フィットネス業界で最も普及したパーソナルトレーニングプログラムを確立した。医学、科学、スポーツ、フィットネスなどのセミナーの講演者としても活躍。「Fitness Magazine」の編集委員会の一員でもある。

サポートと施設を提供してくださった Equinox Fitness Clubs、Cybex International, Inc.、Market Street Inc.、Life Fitness、Precore の各社、本書のモデルを務めてくれた Lori Matan と Tracy Jetzer、写真撮影の Jeff Shaffer と Dawn Smith、イラスト担当の James Dykeman、アドバイスと熱意を寄せてくれた Gregg Isaacs、Storey Publishing 社の Deborah Burns と彼女のチーム、本書の出版にあたって、協力してくださった方々に感謝します。

それから、情熱と誠実さとコミットメントを体現した素晴らしいお手本である Anne Kursinski と Marion Davidson には、特別に感謝の言葉を捧げます。そして最後に、常に忍耐強く私たちを受け入れてくれる馬たちに、感謝。

加えて、John McCully から次の方たちに感謝申し上げます。

私の良き友である Mike Fitch、Mark Myers、Lori Matan、Marion Davidson の長年のサポートに感謝します。親愛なる友 David Harris、あなたの言葉はいつも貴重で、その賢明さと友情で私は困難な時期を抜け出すことができた。いつまでも感謝します。

そして私の師である Dr. Paul Juris には…何を言えるでしょう…あなたこそ本物です！

■監訳者

樫木　宏之　Hiroyuki Kashiki

1974年生まれ、東京都出身。東京スポーツレクリエーション専門学校アスレティックトレーナー養成科卒業。公認トレーニング指導者JATI-ATI（日本トレーニング指導者協会）、パフォーマンス向上スペシャリストNASM-PES（全米スポーツ医学協会）などの資格を取得。現在はパーソナルトレーナーとして、老若男女を問わず指導を行っている。また、馬術、相撲、ダンス、ラグビーなど多くの競技のトレーナーとして活動。トップアスリートにマッサージ、ファンクショナルトレーニングや機能改善を含むコンディショニング指導を行っている。馬術選手への指導経験も豊富で、馬術の競技大会において10年間選手たちのコンディショニングのサポートを行っている。さらには2015年よりシドニーオリンピック・アテネオリンピック障害馬術日本代表選手の林忠義氏、谷口真一氏のパーソナルトレーナーも務める。自身も乗馬を趣味としている。

■翻訳者

二宮　千寿子　Chizuko Ninomiya

東京都出身。国際基督教大学人文科学科卒業。翻訳家。訳書に『スタンダード馬場馬術』（緑書房）、『レッドマーケット　人体部品産業の真実』（講談社）、『世界のスピリチュアル・スポット』（ランダムハウス講談社）、『怖るべき天才児』（三修社）ほか。長年、ウィークエンドライダーとして馬に親しむ。障がい者乗馬の講習会で海外から招かれた講師の通訳も務めている。

乗馬のためのフィットネスプログラム

Midori Shobo Co.,Ltd

2017年12月20日　第1刷発行Ⓒ

著　者	Dianna Robin Dennis，John J. McCully，Paul M. Juris
監訳者	樫木宏之
翻訳者	二宮千寿子
発行者	森田　猛
発行所	株式会社 緑書房 〒103-0004 東京都中央区東日本橋2丁目8番3号 TEL 03-6833-0560 http://www.pet-honpo.com
日本語版編集	石井秀昌，平井由梨亜
カバーデザイン	尾田直美
印刷・製本	アイワード

ISBN978-4-89531-321-6　Printed in Japan
落丁，乱丁本は弊社送料負担にてお取り替えいたします。

本書の複写にかかる複製，上映，譲渡，公衆送信（送信可能化を含む）の各権利は株式会社 緑書房が管理の委託を受けています。

JCOPY 〈(一社)出版者著作権管理機構　委託出版物〉

本書を無断で複写複製（電子化を含む）することは，著作権法上での例外を除き，禁じられています。本書を複写される場合は，そのつど事前に，（一社）出版者著作権管理機構（電話03-3513-6969，FAX03-3513-6979，e-mail : info@jcopy.or.jp）の許諾を得てください。
また本書を代行業者等の第三者に依頼してスキャンやデジタル化することは，たとえ個人や家庭内の利用であっても一切認められておりません。